Adhamjon Mamadaliev
Zokirjon Mamajanov

Preparação de nutrientes minerais complexos em condições de exploração agrícola

Adhamjon Mamadaliev
Zokirjon Mamajanov

Preparação de nutrientes minerais complexos em condições de exploração agrícola

e revestimento de sementes agrícolas com macro e microfertilizantes

ScienciaScripts

Imprint
Any brand names and product names mentioned in this book are subject to trademark, brand or patent protection and are trademarks or registered trademarks of their respective holders. The use of brand names, product names, common names, trade names, product descriptions etc. even without a particular marking in this work is in no way to be construed to mean that such names may be regarded as unrestricted in respect of trademark and brand protection legislation and could thus be used by anyone.

Cover image: www.ingimage.com

This book is a translation from the original published under ISBN 978-620-6-78710-5.

Publisher:
Sciencia Scripts
is a trademark of
Dodo Books Indian Ocean Ltd. and OmniScriptum S.R.L publishing group

120 High Road, East Finchley, London, N2 9ED, United Kingdom
Str. Armeneasca 28/1, office 1, Chisinau MD-2012, Republic of Moldova, Europe
Printed at: see last page
ISBN: 978-620-7-62514-7

Conteúdo

A monografia discute os processos entre plantas, solo e fertilizantes na atividade vital das plantas agrícolas, as propriedades dos fertilizantes minerais no solo, a circulação de substâncias como resultado da aplicação de fertilizantes minerais no solo, ou seja, a introdução de nutrientes. Além disso, são estudadas as vantagens dos fertilizantes líquidos sobre os fertilizantes sólidos, o nível de absorção pelas plantas, a tecnologia de obtenção de fertilizantes líquidos, a sua aplicação na agricultura, a tecnologia de embeber as sementes em água electroquimicamente activada antes da sementeira para aumentar o rendimento do algodão e tornar o algodão resistente a doenças, e a aplicação de sementes com macro e micro fertilizantes. métodos de descasque são estudados.

Além disso, nesta brochura, são apresentados os resultados da comparação das tecnologias de congelação de sementes peludas em água electroquimicamente activada, água alcalina e descasque com fertilizantes minerais, bem como os resultados obtidos com as experiências de descasque de sementes com composições de macro e microfertilizantes.

Esta monografia destina-se a cientistas e especialistas no domínio da agricultura, bem como a estudantes e diplomados de instituições de ensino superior.

Revisores

O.K. Ergashev - vice-reitor para assuntos científicos e inovações do Instituto de Engenharia e Tecnologia de Namangan, doutor em ciências químicas, professor.
B.A. Xayitov - Professor Associado do Departamento de Tecnologias Químicas, Instituto de Engenharia e Construção de Namangan, Ph.D.

Introdução

O complexo agroquímico do mundo é considerado o principal componente do desenvolvimento económico, e o bem-estar da população depende do seu desenvolvimento. A este respeito, é necessário fornecer ao complexo agroindustrial uma vasta gama de produtos fitofarmacêuticos, estimulantes do crescimento e desenvolvimento das plantas e fertilizantes minerais contendo azoto, fósforo, potássio, cálcio, magnésio e enxofre em várias proporções. A este respeito, não só o aumento da taxa de fertilizantes minerais, mas também o desenvolvimento e a implementação de tecnologias modernas para a sua utilização são de grande importância para o aumento da produtividade das culturas agrícolas.

Os adubos fosfóricos produzidos no mundo são obtidos com base em concentrados de apatite e fosforite, e as suas reservas estão a diminuir de ano para ano.

Como resultado da implementação de medidas e inovações em grande escala na nossa república, estão a ser alcançados resultados elevados de investigação científica na obtenção de novos tipos de fertilizantes de fósforo com base em matérias-primas locais e no fornecimento à agricultura de fertilizantes minerais de alta qualidade. A agricultura é um dos principais sectores da economia nacional, porque a agricultura fornece alimentos para a população, matérias-primas para a indústria e forragem para o gado. Por conseguinte, é impossível desenvolver outros sectores da economia nacional sem um desenvolvimento global da agricultura. Por isso, nos primeiros anos da independência da república, foi desenvolvido um programa de aprofundamento das reformas na agricultura, no qual foram determinadas as principais direcções do desenvolvimento agrícola.

É impossível desenvolver a agricultura sem a quimificação. A quimificação da agricultura significa a utilização em larga escala de agentes químicos que permitem melhorar o rendimento das culturas e a qualidade dos produtos. No complexo de medidas, que inclui a utilização extensiva e planeada de meios químicos, é necessário prestar atenção à taxa de fertilizantes minerais e orgânicos, aos termos e proporções da sua aplicação e à eficiência económica de tais medidas.

O clima quente do Usbequistão, a sua localização geográfica e as condições do solo são considerados muito favoráveis à reprodução de organismos nocivos, que encontram nas zonas terrestres uma abundância de alimentos e um local confortável para si próprios, o que, por sua vez, causa mais danos às plantas.

Para este efeito, para tornar o algodão resistente às doenças, a tecnologia de embeber as sementes em água electroquimicamente activada antes da plantação e a aplicação de métodos de revestimento de sementes com macro e micro fertilizantes conduzem a um aumento do rendimento do algodão[1,2].

No Decreto do Presidente da República do Uzbequistão n.º PF-4947 "Sobre a estratégia de acções para o desenvolvimento futuro da República do Uzbequistão" em 2017-2021, "Modernização e desenvolvimento rápido da agricultura: introdução de métodos intensivos, em primeiro lugar, agro-tecnologias modernas que poupam água e recursos, alta produtividade tarefas tão importantes como a utilização de máquinas agrícolas existentes" [3]. Estão a ser tomadas medidas abrangentes para reduzir o consumo de mão de obra e de energia na produção agrícola da república, para poupar recursos, para preparar as sementes das culturas agrícolas para a sementeira com base em tecnologias avançadas e para desenvolver dispositivos de alto desempenho, a fim de cumprir as tarefas especificadas. Portanto, uma das questões urgentes é o desenvolvimento de dispositivos de descasque que garantam um desempenho de alta qualidade de todos os processos tecnológicos, descascando fertilizantes minerais e composições de micronutrientes com uma solução de fertilizantes minerais e composições de micronutrientes em água antes de plantar sementes peludas.

A introdução de tecnologias amigas do ambiente na agricultura do nosso país é de grande importância. Uma das principais razões para tal é o facto de dois terços da população da República viverem em zonas rurais. Por conseguinte, os produtos químicos utilizados têm efeitos nocivos para a saúde humana. Para além disso, como é óbvio, se os produtos agrícolas não forem ecologicamente limpos, o seu consumo ou processamento industrial também é prejudicial. Por outro lado, para satisfazer as exigências da população em crescimento e da economia nacional, é muito importante desenvolver tecnologias intensivas na agroindústria, acelerar o crescimento e o desenvolvimento das plantas e aumentar a produtividade.

Os processos entre as plantas, o solo e os fertilizantes são importantes na atividade vital das plantas agrícolas. A aplicação de fertilizantes minerais no solo permite o ciclo de circulação de substâncias, ou seja, a introdução de nutrientes. Atualmente, são utilizados na agricultura principalmente adubos minerais sólidos com fósforo, azoto e azoto-fósforo. A água de amoníaco é utilizada como fertilizante líquido[4,5]. Atualmente, os fertilizantes líquidos são produzidos principalmente nas empresas "Ifoda Agro Chemical Protection" LLC e JSC "Indorama Kokand Fertilizers and Chemicals".

A vantagem dos fertilizantes líquidos sobre os sólidos é que eles se difundem bem nos microporos do solo, e o nível de absorção pela planta aumenta em 1,5-2,0 vezes. Nesta monografia, em primeiro lugar, é discutida a tecnologia de obtenção de fertilizantes líquidos, a importância desses fertilizantes na agricultura. Até agora, a cultura do algodão ocupou o maior lugar na economia do Uzbequistão, e há uma chance de que essa situação permaneça. Por conseguinte, é muito importante introduzir tecnologias intensivas na cultura do algodão e, ao mesmo tempo, evitar danos ao ambiente.

Uma das questões importantes para aumentar a produtividade do algodão é o tratamento das sementes antes da sementeira e a aplicação de vários estimulantes do crescimento e do desenvolvimento. Até à data, foram propostas várias misturas químicas para o tratamento de sementes antes da sementeira. Estes compostos químicos contêm muitos dos elementos da tabela de Mendeleev. Quando a semente é tratada com eles, reduz-se o nível de danos do algodão por podridão radicular e doenças da gomose e aumenta-se a sua resistência a pragas, o que é mais importante, aumenta-se o rendimento do algodão e a qualidade da fibra.

Em plantas de algodão, as sementes tratadas com TXFM são novamente tratadas com

TMTD ou 12% de GXTsG-hexaclorociclohexano [6,7]. O tratamento com Fentiuram não faz com que as plantas precisem de ser novamente medicadas nas explorações agrícolas. A murcha de Verticillium causa grandes danos ao algodão. Em campos onde 10% das plantas são afectadas pela murchidão, a perda da cultura é de 1,4 quintais por hectare, em campos 20% infectados é de 2,14 t/ha, 50% infectados 4,9 t/ha, e 70% infectados 11,2 t/ha. De 1 a 15 de junho, uma planta infetada perde 75-80% do seu rendimento. Nas condições de tecnologia intensiva, juntamente com os métodos agrotécnicos e biológicos, o método químico de combate à murcha do algodão continua a ser importante. Além disso, antes da plantação, as sementes são envenenadas com Baitan, Viavax, Vitatiuran, Granozan, Pentatiuram, Tigam, Fundazal, Fentiuram, Bronotak, etc.

As sementes peludas envenenadas são humedecidas antes da plantação. A humidificação é feita com água natural durante 12-18 horas. A água activada por eletricidade, um estimulante que acelera a germinação das sementes e o seu desenvolvimento posterior, aumenta a produtividade, é absolutamente inofensiva para o ambiente, porque é preparada a partir de água natural através da passagem de uma corrente eléctrica num dispositivo especial, e não são adicionados produtos químicos. O índice ambiental da água electroquimicamente activada é pN= 9-10. Durante muitos anos, foram realizadas experiências numa série de explorações agrícolas da região de Namangan e reflectidas neste manual. Foram identificadas as vantagens deste método:

- O tempo de demolha das sementes é reduzido de 12-18 horas para 3-4 horas;
- a germinação das sementes é acelerada;
- o algodão amadurece 8 a 12 dias mais cedo;
- a produtividade do algodão aumenta de 5 a 7 centavos por hectare.

Além disso, um dos métodos desenvolvidos pelos cientistas do instituto é o método de descasque de sementes. Neste método, a semente é revestida com macro e micro fertilizantes para aumentar o rendimento do algodão. Não são utilizados produtos químicos tóxicos no descasque, ou seja, é amigo do ambiente. Primeiro, prepara-se uma solução com uma determinada composição (amofos, nitrato de amónio e oligoelementos) para descascar a semente. Em seguida, adiciona-se 1% de carboximetilcelulose (KMTs) à solução e o processo de descasque é efectuado em equipamento tecnológico especial. Como resultado, a estrutura do solo melhora, os rebentos de algodão germinam sem doenças e desenvolvem-se rapidamente.

A produtividade aumenta em 5-7 centavos. Além disso, o consumo de fertilizantes minerais de fósforo é poupado em 25%, porque a primeira alimentação é feita com a própria semente, e o coeficiente de efeito benéfico do fertilizante aumenta significativamente. Depois de a semente ser descascada e plantada, dá-se água e o algodão brota. O período de vegetação diminui e a colheita do algodão começa 7 a 10 dias antes. A plantação húmida de sementes com água activada por descasque com fertilizantes eléctricos e macro e microfertilizantes leva a uma redução acentuada das doenças da gomose e da murchidão. As preparações químicas utilizadas até à data são o actellik, o tsimbush, o zolon e outros venenos, que são muito caros. Outro grande problema na cultura do algodão é a desfolha (desfoliação) do algodão antes da colheita. Os desfolhantes utilizados (butifos, clorato de magnésio, UDM, etc.) são todos tóxicos e prejudiciais para o ambiente e para a saúde humana. Por conseguinte, é muito importante desenvolver desfolhantes que tenham efeitos mais suaves, que causem poucos ou nenhuns danos ambientais e que, ao mesmo tempo, satisfaçam plenamente as exigências dos produtores.

Descobrimos que a água activada eletricamente também pode ajudar nesta questão. O desfolhante foi preparado reduzindo o mais possível o índice ambiental da água activada na zona anódica (sem reduzir demasiado o consumo de eletricidade) e adicionando 0,5-3% em peso de ácido mineral. Mais de 80% foram derramados. Além disso, os resíduos minerais, que têm benefícios adicionais, caem no solo e servem como fertilizantes. O mais importante é que não há efeitos nocivos para o ambiente, ou seja, a maior situação negativa é eliminada.

Em conclusão, pode dizer-se que os novos métodos acima referidos de tratamento pré-plantação de sementes ajudam a realizar os nobres objectivos de preservar a saúde humana e proteger a natureza dos danos causados por produtos químicos tóxicos, bem como a eficiência económica. A adesão à máxima de que um corpo são é uma mente sã é a garantia do bem-estar do nosso país.

Nesta monografia, descrevemos a tecnologia de obtenção de fertilizantes líquidos, a sua utilização na agricultura, a tecnologia de imersão de sementes agrícolas em água activada electroquimicamente e os métodos de cobertura de sementes com macro e microfertilizantes.

CAPÍTULO 1

I. ENUNCIADO DO PROBLEMA E OBJECTIVO E FUNÇÕES DA INVESTIGAÇÃO

§ 1.1. Classificação dos adubos

A intensificação da produção com base na quimificação, mecanização complexa, eletrificação, trabalhos de recuperação de terras e outras medidas para melhorar a fertilidade do solo é a principal direção do desenvolvimento da agricultura.

A intensificação agrícola é um dos processos económicos objetivamente relacionados com o desenvolvimento das forças de produção.

Na intensificação consistente e abrangente da agricultura, a quimificação é de particular importância. O tratamento químico consiste na utilização de fertilizantes, produtos químicos para proteção das plantas, herbicidas, desfolhantes e dessecantes.

Durante o período de crescimento, a planta recebe alguns elementos do ar através das suas folhas e outros do solo.

As plantas contêm mais de 70 elementos químicos. 16 deles: os chamados organogénicos - carbono, oxigénio, hidrogénio, azoto; os chamados oligoelementos - fósforo, potássio, cálcio, magnésio e enxofre; os chamados microelementos - boro, molibdénio, cobre, zinco, cobalto, manganês e ferro são importantes durante a atividade vital das plantas. Um elemento não pode ser substituído por outro, porque cada um deles desempenha funções específicas nas plantas. As plantas e o solo podem também conter outros elementos, como o silício, o sódio, o cloro, etc. Mas a presença destes elementos não é importante para a vida das plantas. Os elementos verdes incluem os principais elementos carbono, oxigénio e hidrogénio da atmosfera. A percentagem destes elementos é de 93,5% da massa seca da planta, incluindo o carbono - 45%, o oxigénio - 42% e o hidrogénio - 6,5%.

Para que a planta cresça e se desenvolva normalmente, deve ser-lhe fornecida uma quantidade suficiente de nutrientes. O azoto, o fósforo, o potássio, o cálcio, o magnésio, o enxofre e o ferro são os principais nutrientes das plantas. A quantidade destes elementos nas plantas é de um centésimo a vários por cento e são chamados macroelementos. Para além destes, as plantas também precisam de uma série de substâncias vegetais e do solo, como o boro, o molibdénio, o cobre, o manganês, o zinco, etc. São os chamados micronutrientes.

Depois do carbono, do oxigénio e do hidrogénio, o azoto, o fósforo e o potássio são também importantes para a atividade vital das plantas. Os produtos que contêm estes elementos são utilizados na agricultura sob a designação de adubos minerais.

O fósforo, o azoto e o potássio são os nutrientes mais necessários para a planta. A planta obtém estes elementos do solo. A quantidade destas substâncias no solo diminui de ano para ano, a fertilidade do solo diminui e isso tem um efeito negativo na produtividade das culturas. Para aumentar a fertilidade do solo, é necessário fertilizar a terra com fertilizantes minerais suficientes.

O estrume é o mais útil dos fertilizantes orgânicos. Cada tonelada de estrume contém 5 kg de azoto, 2,5 kg de anidrido fosfático e 6 kg de óxido de potássio. Devem ser

aplicadas 20 a 40 toneladas de estrume por hectare para fornecer ao solo nutrientes suficientes. Os fertilizantes orgânicos não podem satisfazer a procura crescente da agricultura, porque os nutrientes contidos no estrume e noutros fertilizantes orgânicos são várias vezes inferiores aos dos fertilizantes minerais. Por exemplo, 1 t de estrume contém 5 kg de azoto, enquanto 1 t de nitrato de amónio contém 350 kg de azoto.
Mas os fertilizantes minerais devem ser usados com conhecimento de causa e com moderação. A fertilização do solo não é a única condição para aumentar a produtividade. Para isso, é necessário melhorar a qualidade do solo, regar a cultura no tempo especificado, desenvolver as plantas corretamente e lutar contra várias doenças e pragas.
Em resultado da utilização de fertilizantes minerais, o rendimento do algodão e de outras culturas técnicas está a aumentar de ano para ano. Por exemplo, em 1930, eram colhidas 7-8 toneladas de algodão por cada hectare de terra nas repúblicas da Ásia Central, e atualmente, em média, são colhidas 29,2 toneladas de algodão por hectare. Cada 1 kg de fósforo adicionado ao solo fornece mais 6-7 kg de algodão e 50-60 kg de batatas, e cada 1 kg de azoto fornece mais 15-20 kg de algodão e 150 kg de batatas.
De acordo com a sua origem, os adubos classificam-se em inorgânico-minerais, orgânicos, organo-minerais e bacterianos. Podem ser sólidos, líquidos e em suspensão.
Adubos minerais (ou adubos artificiais). São produzidos a partir de produtos inorgânicos fabricados por via industrial: processamento químico ou mecânico de matérias-primas inorgânicas (por exemplo, moagem de minérios agroquímicos - fosforitos, sais de potássio, dolomites, etc.). As substâncias obtidas a partir do azoto atmosférico que servem de matérias-primas ou de produtos intermédios de algumas empresas de produção química, que contêm nutrientes para as plantas, estão também incluídas no grupo dos adubos minerais. Por exemplo, o sulfato de amónio é obtido a partir de gases de coqueria ou de produtos intermédios da produção de caprolactama. Os minérios contendo fósforo são utilizados para a liquefação de metais, que são utilizados como fertilizantes fosfatados. Os adubos minerais obtidos como resultado do processamento químico de matérias-primas são caracterizados por uma elevada concentração de substâncias activas.
De acordo com a substância ativa, os adubos minerais dividem-se em: tipos de azoto, fósforo, potássio e micronutrientes (boro, molibdénio, etc.).
Adubos orgânicos. Os elementos que os compõem estão contidos nos resíduos vegetais e animais. Estes fertilizantes incluem principalmente o estrume, bem como os produtos obtidos a partir da transformação de resíduos vegetais e animais (turfa, estrume, resíduos de peixe e de aves, farinha de ossos, resíduos humanos e vários resíduos alimentares), incluindo os adubos verdes.
Os adubos organo-minerais contêm substâncias orgânicas e minerais; estes adubos são obtidos através da transformação de turfa, carvão e outras substâncias orgânicas com amoníaco ou ácido fosfórico. São também obtidos através da mistura de estrume ou turfa com fertilizantes fosfóricos.
Os adubos bacterianos são preparações que contêm microrganismos que se

alimentam do azoto do ar ou da matéria orgânica mineralizada do solo e dos adubos. Estes fertilizantes incluem azotobacterina, azoto do solo.

De acordo com os seus efeitos agroquímicos, os adubos minerais dividem-se em adubos de utilização direta, adubos de utilização indireta e adubos para controlo do crescimento das plantas.

Os adubos de aplicação direta destinam-se à nutrição direta das plantas. Contêm elementos importantes para a vida das plantas: azoto, fósforo, potássio, magnésio, enxofre, ferro, bem como oligoelementos (boro, molibdénio, cobre, zinco, cobalto). Os adubos utilizados diretamente são, por sua vez, divididos em adubos simples (unilaterais) e complexos (multilaterais).

Os adubos normais contêm um dos nutrientes de que as plantas necessitam: azoto, fósforo, potássio, magnésio, boro, etc. Estes, por sua vez, dividem-se em tipos de adubos azotados, fosforados, potássicos, micronutrientes.

Os adubos azotados são bem solúveis em água, diferem na forma dos compostos azotados: amoníaco, amónio, amida e vários derivados desta forma (amoníaco-nitrato, amoníaco-amida, etc.). Além disso, são também utilizados adubos azotados que não se desprendem e que são difíceis de dissolver na água, como a ureia-formaldeído, a isobutilenodureia, a oxamida, etc.

Adubos fosfatados. Os adubos fosfatados dividem-se em três grupos, consoante a sua solubilidade e absorção pelas plantas:

1) solúveis na água, a maior parte dos compostos de fósforo neles contidos dissolve-se na água, pelo que são facilmente assimilados pelas plantas; esses fertilizantes incluem: superfosfato, superfosfatos duplos, bem como fertilizantes complexos de fósforo - amofos, nitroammofos, nitroammofoska, nitrophoska, karboammophoska, etc;

2) solúveis em citratos, que compreendem os adubos que contenham compostos de fósforo solúveis numa solução amoniacal do sal de amónio do ácido cítrico (citrato de amónio); dado que o ambiente da solução de citrato de amónio é próximo do ambiente da solução do solo, estes adubos são bem absorvidos pelas plantas; os adubos solúveis em citratos compreendem: adubos como o precipitado (fosfato dicálcico);

3) solúveis em limão, estes adubos não se dissolvem em água e em solução de citrato de amónio, mas dissolvem-se numa solução de ácido cítrico a 2%; incluem: fosfatos fluorados, argila, farinha de fosforito parcial (pequena fração); apesar da sua baixa solubilidade, estes adubos são eficazes em solos ácidos; os compostos de fósforo nestes adubos passam lentamente (mesmo lentamente) para a solução do solo e são assimilados pelas plantas, pelo que também são designados por adubos de ação lenta.

O nitrato de amónio contém 34-34,5% de nitrato e azoto sob a forma de amoníaco. Este adubo é granulado, de cor branca, vermelha e amarela. É higroscópico, compacta-se durante o armazenamento e é solúvel em água. Por conseguinte, pode ser aplicado ao solo durante todas as medidas e períodos agrotécnicos (antes da plantação, ao mesmo tempo que a plantação e no local de alimentação das culturas).

Sulfato de amónio - contém 20,8-21,5% de azoto sob a forma de amoníaco e 24% de enxofre. O sulfato de amónio tem o aspeto de sal moído de cores diferentes (dependendo da mistura). Pode ser de cor branca a azul. Ao contrário do nitrato de amónio, dissolve-se lentamente na água e é menos lavado do solo. Pouco higroscópico, não se cola uns aos outros, boa dispersibilidade. Dá-se bem em zonas arenosas com regas frequentes.

Ureia (ureia) - contém 46% de azoto sob a forma de amida e é um fertilizante concentrado de azoto. É de cor branca, produzida em forma granular e dissolve-se lentamente em água. A higroscopicidade não é muito elevada, porque a alta temperatura, a sua higroscopicidade diminui e pode ser perfurada durante o armazenamento. Pode ser utilizado em todos os métodos e períodos agrotécnicos.

Nas condições de solo altamente biogénico do Uzbequistão, várias formas de azoto são submetidas à nitrificação muito rapidamente durante o crescimento das plantas. Por conseguinte, em termos de eficiência agronómica, são todas iguais. Por conseguinte, os fertilizantes azotados são utilizados em lotes antes da plantação e durante o período de crescimento da planta.

Se a ureia (ureia) for aplicada às culturas de cereais de outono antes da floração, a quantidade de hidratos de carbono no grão aumenta e o rendimento da cultura aumenta ainda mais.

O KAS é um fertilizante líquido de nitrogénio eficaz, constituído por nitratos, amónio e nitrogénios amídicos. Útil para todas as plantas agrícolas, dá um resultado eficaz na alimentação básica e na fertilização adicional. O KAS (contém 28-32 por cento de azoto) assegura a nutrição a longo prazo das plantas com azoto. Uma vez que não contém azoto livre, não se evapora para a atmosfera quando aplicado no solo, mas a presença da forma de amónio requer a extração do solo húmido, especialmente em condições de temperatura elevada e na ausência de precipitação após a aplicação.

Os adubos potássicos dividem-se em concentrados (cloreto de potássio, sulfato de potássio, magnésia potássica, etc.) e sais imaturos (silvinite, cainite). Os minerais insolúveis em água (nefelina, feldspato) não são diretamente utilizados como adubos, mas servem de matéria-prima para a obtenção de adubos potássicos. Por exemplo, o sulfato de potássio é obtido a partir da nefelina.

Os microfertilizantes são fertilizantes que são aplicados em pequenas quantidades (gramas e quilogramas por hectare). São utilizados ácido bórico, sulfato de cobre(II), molibdato de amónio e outros sais técnicos que contêm oligoelementos. As cinzas de carvão, a lama de manganês, o borato de magnésio precipitado e outros resíduos de micronutrientes são insolúveis na água. São transformados numa forma solúvel em água ou utilizados diretamente como fertilizantes. Tanto os microfertilizantes solúveis em água como os insolúveis em água são utilizados na agricultura.

Os adubos complexos são adubos que contêm pelo menos dois nutrientes. Os adubos complexos secundários (por exemplo, azoto-fósforo, azoto-potássio, fósforo-potássio) e os adubos complexos terciários (por exemplo, azoto-fósforo-potássio) dividem-se em tipos. Os adubos terciários são designados por adubos completos. Os adubos complexos podem também conter micronutrientes, pesticidas e aditivos para o

crescimento das plantas.
Os adubos complexos são agrupados de acordo com a natureza da sua produção: - os adubos mistos são obtidos por mistura mecânica de vários adubos pré-fabricados em pó ou granulados;
- Os adubos granulados de mistura complexa obtêm-se misturando adubos pré-fabricados em pó com a adição de reagentes líquidos (água de amoníaco, fosfato ou ácido sulfúrico, etc.);
- Os adubos complexos são obtidos através da transformação de matérias-primas num único processo tecnológico.
Em termos de concentração de substâncias activas, os adubos são condicionalmente de menor concentração (normal), contendo até 20-25%; concentrados - 30-38%; dividem-se em tipos com elevada concentração - mais de 60% e ultra-concentrados - mais de 100% de componentes activos.
Adubos utilizados indiretamente - utilizados para efeitos químicos, físicos e microbiológicos no solo, a fim de melhorar as condições de utilização dos adubos; por exemplo, o calcário triturado, a dolomite ou a cal apagada são utilizados para neutralizar a acidez do solo; o gesso é utilizado para a recuperação de solos salinos, sendo ao mesmo tempo uma fonte de cálcio; o bissulfito de sódio é utilizado para aumentar a acidez do solo (a fim de aumentar a solubilidade dos compostos de fósforo adicionados com o adubo fosfatado).
Os fertilizantes dividem-se em tipos fisiologicamente ácidos, fisiologicamente alcalinos e fisiologicamente neutros. Os adubos fisiologicamente ácidos incluem os adubos em que as plantas absorvem principalmente catiões, enquanto os aniões aumentam a acidez da solução do solo, por exemplo, sulfato de amónio, nitrato de amónio, cloreto de potássio, sulfato de potássio, etc.
Os adubos fisiologicamente ácidos podem incluir os adubos azotados de amónio, bem como a ureia. Como resultado da oxidação do amoníaco em ácido nítrico sob a ação de bactérias nitrificantes, a acidez do solo aumenta.
Os adubos fisiologicamente alcalinos incluem adubos aniónicos que são assimilados pelas plantas, e o catião neles contido alcaliniza o ambiente do solo. Por exemplo, tais fertilizantes incluem nitratos de sódio, potássio e cálcio[8].

§ 1.2. Propriedades das matérias-primas fosfatadas

O aumento da produtividade das culturas agrícolas é impensável sem a utilização de adubos minerais que contêm vários componentes nutricionais (azoto, fósforo, potássio, etc.). Os adubos que contêm fósforo ocupam um lugar especial entre os adubos minerais. A principal matéria-prima para a sua produção são os minerais fosfatados.
Até à data, verifica-se que o consumo global de matérias-primas fosfatadas aumentou 190 milhões de toneladas por ano, ou 43 milhões de toneladas em termos de $P2O5$.
De acordo com as previsões, espera-se que o consumo de matérias-primas fosfatadas aumente 2 milhões de toneladas por ano até 2030. Em 2050, o consumo anual de matérias-primas fosfatadas atingirá 220 milhões de toneladas, ou cerca de 70 milhões de toneladas de $P2O5$.

Desde meados do século passado, com o aumento do consumo de adubos, tem havido uma grande necessidade de melhorar os métodos de enriquecimento de minérios de baixa qualidade, de os limpar o mais possível de aditivos estrangeiros e de os tornar adequados para transformação, a fim de aumentar a quantidade de componentes principais.

De acordo com a ONU, a população mundial aumentou de 3,7 mil milhões em 1970 para 7,8 mil milhões em 2021, prevendo-se que ultrapasse os 15 mil milhões em 2075. O continente asiático é o que regista o maior crescimento. Devido ao aumento da população, o problema do desenvolvimento de culturas alimentares e técnicas continua a ser grave. Estes problemas podem ser resolvidos através da expansão da base de matérias-primas para a produção de fertilizantes minerais de alta qualidade e da aceleração das tecnologias de produção.

A nível mundial, a procura de fertilizantes está a aumentar proporcionalmente ao crescimento da população. No final da primeira década do século XXI, o consumo anual de matérias-primas fosfatadas atingiu 166 milhões de toneladas. Consequentemente, a produção de matérias-primas fosfatadas está a aumentar. Apesar das enormes reservas de minérios de fosfato no mundo, estas não podem cobrir o consumo de recursos esgotados e o regresso do fósforo ao seu estado natural no ciclo natural. De acordo com as estimativas, o esgotamento dos minérios de alta qualidade atualmente em uso pode ocorrer dentro de 60-130 anos. Prevê-se que cerca de 40-60% dos recursos existentes sejam reciclados até 2100. As reservas de Murmansk na Federação Russa podem ser suficientes para 49-54 anos de produção com base nos actuais volumes de produção.

Ao mesmo tempo, o crescimento da produção alimentar requer novas terras que não podem ser cultivadas sem fertilizantes, pelo que o consumo de matérias-primas fosfatadas pode aumentar drasticamente em comparação com o crescimento da população.

As reservas mundiais comprovadas de minérios de fosfato são contabilizadas por mais de 60 países, totalizando 70,6 mil milhões de toneladas em termos de R2O5, das quais 65,3 mil milhões de toneladas são de fosforite e 5,3 mil milhões de toneladas de minérios de apatite. 87% das reservas mundiais estão concentradas em 10 países - EUA, Marrocos, China, Rússia, México, Cazaquistão, Peru, África do Sul, Saara Ocidental e Tunísia. A quantidade de R2O5 nas matérias-primas de fosfato extraídas por diferentes países varia de 21 a 38,2%. A melhor matéria-prima de fosfato é o concentrado de apatite de Xibin, na Rússia.

Como resultado da exploração geológica no território da República do Uzbequistão, o maior depósito de fosforitos granulares foi encontrado na bacia central de Kyzylkum (MQ), onde existem doze áreas mais promissoras de rochas sedimentares do Eoceno Médio. Os fosforitos de Kyzylkum não são semelhantes em termos de propriedades físico-químicas, mas são semelhantes aos fosforitos de depósitos do Norte de África, do Médio Oriente e do Afeganistão, típicos de grupos de carbonatos da formação mesozóica.

O Usbequistão, tal como a Rússia e o Cazaquistão, tem a sua própria base de matérias-primas de fosfato para a produção de fertilizantes de fósforo. Existem depósitos de fosforite em muitas regiões do Usbequistão (Central Kyzylkum, Surkhandarya, Karakalpakstan, Fergana e outras). Entre eles, os depósitos de fosforite na zona central de Kyzylkum (CQ) são os mais prometedores do ponto de vista da utilização industrial. Até à data, foi identificado um grande número de depósitos de fosforite e quatro depósitos de fosforite granular (Etimtog, Jer-Sardor, Tashkora e Karaqat) na região central de Kyzylkum, que representam mais de 50% dos recursos prospectivos de fosfato (P2O5) na área.

A bacia de fosforito de Kyzylkum Central cobre uma área de cerca de 65.000 km^2 . Se assumirmos que apenas 5% desta área está coberta por fosforite industrial, a reserva prevista de fosforite com uma espessura média de camada de 2,5 metros é de 16,25 mil milhões de toneladas, ou 1,95 mil milhões de toneladas de P2O5 (teor médio de P2O5 - 12%). organiza. Os minérios de fosforite granular de marga foram identificados e estudados em pormenor na área de 3000 km^2 de Kyzylkum. Os recursos de fosforite até uma profundidade de 300 m estão estimados em 10 mil milhões de toneladas (isto é, cerca de 2 mil milhões de toneladas de P2O5), incluindo 1,0-1,2 mil milhões de toneladas de minério (ou 200-240 milhões de toneladas de P2O5) a uma profundidade disponível para mineração a céu aberto (até 60 metros) constitui.

A mina de Jer-Sardor está situada nos distritos de Tomdi e Konimekh da região de Navoi. Foram estudadas três secções destas minas: Foram estudadas as zonas de Jer do Sul, Kurukkuduq e Tashkora. O depósito de Jer-Sardor é o mais explorado e estima-se que contenha 290 milhões de toneladas de minério (55 milhões de toneladas de P2O5). O minério com um teor de P2O5 de 19,42% é de 223,9 milhões de toneladas (ou 43,5 milhões de toneladas de P2O5) nesta reserva de mina confirmada pelo Comité de Estado. Foi com base nesta mina que foi criada a Central Kyzylkum Phosphorite Combine.

A mina de North Etimtog está situada no distrito de Tomdi, 75-80 km a nordeste da cidade de Tomdibulok. As reservas estão confirmadas em 50 milhões de toneladas de minério (mais de 10 milhões de toneladas de P2O5), com uma média de 20,25% de P2O5. Em termos de propriedades tecnológicas, a matéria-prima é semelhante à matéria-prima da mina de Jer-Sardor. Na parte leste e sudeste da mina, a uma profundidade de 50 metros, a reserva de minério de fosforita granular C2 é de 142 milhões de toneladas (ou mais de 28 milhões de toneladas de P2O5 quando contém 19,8-22,7% de P2O5).

A mina de Karakat está situada a 55 km a sudeste da aldeia de Muruntog, no distrito de Konimekh. A mina é constituída por duas secções: Aznek e Ayakkuduq. Segundo as previsões, o minério da parte Aznek do depósito de Karaqat é de 27 milhões de toneladas (ou 4,9 milhões de toneladas de P2O5 se contiver 18,29% de P O_{25}) e o minério da secção Ayakkuduk é de 16 milhões de toneladas (ou 3,3 milhões de toneladas se contiver 20,54% de P O_{25} toneladas de P O_{25}).

A partir dos dados apresentados, é evidente que as matérias-primas fosforíticas passam por processos em várias fases antes do processo de produção de adubos fosfóricos.

Além disso, essas matérias-primas têm reservas limitadas, tal como outras matérias-primas. Por conseguinte, é importante estabelecer a produção de adubos concentrados de fósforo com indicadores técnicos e económicos elevados através do processamento do EFK semi-acabado obtido a partir de fosforitos de formas não convencionais. O processo de obtenção de adubos nitro-geno-fosfóricos através da decomposição de matérias-primas fosfatadas com uma mistura de fosfato, sulfato e ácidos nítricos baseia-se na ação dos componentes das matérias-primas com ácidos.
Como resultado, podem ser formados vários compostos de fosfato, nitrato e sulfato dos elementos incluídos na matéria-prima[1].

§1.3. Utilização do nitrato de cálcio obtido no tratamento dos fosfatos com ácido nítrico

No processo de decomposição das matérias-primas fosfatadas com ácido nítrico, forma-se uma solução que contém nitrato de cálcio e ácido fosfórico livre, a que se chama separação do ácido nítrico. Dependendo dos métodos de processamento dos excrementos nas fases seguintes, podem ser produzidos adubos de componente único - azoto e fósforo - e complexos multicomponentes - azoto-fósforo (N-P) ou azoto-fósforo-potássio (N-P-K) da mais vasta gama de nutrientes. . Contrariamente ao método do ácido sulfúrico, na decomposição em ácido nítrico das matérias-primas fosfatadas, não só é utilizada a energia química do ácido, como também o azoto é totalmente absorvido pelo adubo. Esta utilização combinada de ácido é economicamente mais conveniente. A desvantagem deste método é a perda de uma parte do cálcio do extrato de ácido nítrico ou a sua extração com a formação de sais insolúveis; se o cálcio não for extraído, a concentração de elementos nutritivos diminuirá devido ao lastro (compostos de cálcio insolúveis) no adubo produzido. Além disso, a presença de cálcio no extrato não permite que o fósforo presente no adubo se encontre numa forma solúvel em água.
No entanto, o processamento de fosfatos com ácido nítrico é utilizado em grande escala. Em particular, este método é amplamente utilizado em países (principalmente na Europa Ocidental) onde há falta de recursos de enxofre necessários para a decomposição de fosfatos com ácido sulfúrico.

A seguinte reação ocorre durante a decomposição de fosfatos com ácido nítrico:

$$Ca5(PO4)3F + 10HNO3 = 3H3PO4 + 5Ca(NO3)2 + HF$$

Aditivos de fosfatos - carbonatos de cálcio e magnésio, óxidos de ferro, alumínio e elementos raros reagem com os ácidos nítrico e fosfórico para formar nitratos e fosfatos:

$$Ca(Mg)CO3 + 2HNO3 = Ca(Mg)(NO3)2 + CO2 + H2O$$

$$R2O3 + 3HNO3 = H3PO4 + R(NO3)3 + RPO4 + 3H2O$$

A presença de minerais com compostos divalentes de ferro na composição dos fosfatos leva à sua oxidação em ácido nítrico:

$$FeO + 4HNO3 = Fe(NO3)3 + NO2 + 2H2O$$

A libertação de fosfatos pouco solúveis para a fase sólida e de óxidos de azoto para a fase gasosa conduz à perda de nutrientes.

O fluoreto de hidrogénio reage com o ácido silícico formado pela decomposição dos minerais de silicato que acompanham os fosfatos e permanece normalmente em solução sob a forma de H_2SiF_6.

Como resultado da mistura de fosfatos naturais com quantidades estequiométricas de ácido nítrico correspondentes à quantidade de CaO na apatite ou de CaO e MgO na fosforite - devido à acumulação de sais na solução e à diminuição da acidez da solução, a decomposição abranda gradualmente - o nível de decomposição atinge 98-99% em 1,5-2 horas . Para reduzir a duração do processo, este é efectuado com um excesso de ácido nítrico de 2-5%. Na maioria dos casos, o excesso de ácido nítrico é aumentado para 20%, e muitas vezes essas soluções são convertidas em fertilizantes com maior teor de azoto.

Normalmente, a decomposição do ácido nítrico dos fosfatos naturais é efectuada a uma temperatura de 45-50° C, sendo esta temperatura considerada óptima. Como resultado do aumento da temperatura de 50° C, a viscosidade da solução diminui, as condições de difusão melhoram e a taxa de decomposição aumenta. Mas a corrosão do equipamento acelera. A temperatura necessária é mantida principalmente devido ao efeito térmico da reação (290 kj/mol); pode ser aquecida ou arrefecida conforme necessário através de um permutador de calor de ácido nítrico.

A taxa de dissolução do P2O5 na solução não depende muito da concentração do ácido. Normalmente, até 99% de P_2O_5, CaO, MgO e elementos raros, até 95% de flúor, até 70% de ferro passam para a solução.

A decomposição dos fosfatos é efectuada continuamente em dois a cinco reactores, um após o outro, equipados com um agitador. Os gases que saem dos reactores são aspirados por ventiladores e libertados na atmosfera após terem sido limpos de compostos de flúor num depurador. Após a decomposição completa, forma-se uma suspensão constituída por uma solução e uma lama (lama de resíduo insolúvel); durante o processamento da apatite, 60-80% do estrôncio nela contido passa para o sólido, que pode ser separado. Mas a separação da lama é difícil devido às suas propriedades coloidais - é difícil de assentar e difícil de filtrar. Além disso, a maior parte do flúor contido nos fosfatos passa para a solução sob a forma de H_2SiF_6, e a separação e utilização (aproveitamento) dos compostos de flúor durante a decomposição dos fosfatos com ácido nítrico causa algumas dificuldades. O flúor pode ser removido da solução através da adição de sais de sódio - NaNO3 ou Na_2CO_3. Como resultado da introdução de iões de sódio na quantidade de 300% da norma estequiométrica, 80-85% do flúor na solução é precipitado sob a forma de fluoreto de silício de sódio. É inadequado utilizar cloreto de sódio, porque os iões de cloreto aumentam a corrosão do equipamento de aço cromo-níquel. Um precipitado cristalino de H2SiF6 é separado da solução por destilação, seguida de filtração. No processamento do ácido nítrico, obtém-se 63 kg de H2SiF6 com um teor de humidade de 30% a partir de 1 t de apatite; o teor de H2SiF6 na matéria seca é de 87%.

O concentrado de apatite contém 0,9-1% de elementos raros do grupo do cério (cério, lantânio, etc.). A sua separação da solução resultante da decomposição do concentrado de apatite com ácido nítrico baseia-se na fraca solubilidade dos fosfatos de elementos raros em soluções ácidas fracas (pH=2-2,5). Para precipitar os elementos raros, é necessário neutralizar todo o ácido nítrico da solução e cerca de 50% dos primeiros iões de hidrogénio do ácido fosfórico. Neste caso, 70-80% dos elementos raros (no concentrado de apatite) passam para a fase sólida sob a forma de fosfatos. Juntamente com eles, vários outros aditivos são precipitados da solução, de modo que o resíduo sólido obtido contém ~65% de fosfatos de elementos raros, quase metade dos quais é contribuído pelo fosfato de cério [8].

Os fertilizantes líquidos têm um bom efeito económico se forem utilizados em áreas localizadas perto da empresa, por exemplo, em campos agrícolas localizados a cerca de 100-200 km da empresa. Estes adubos líquidos são produzidos nas classes A, B e V e são utilizados na prática em países como os EUA, a República Checa, a Eslováquia, a Noruega, Portugal, os Países Baixos e a Rússia.

No passado, os fertilizantes líquidos não eram produzidos na Ásia Central e noutros países, pelo que não eram utilizados. Em alguns casos, era utilizada água de amoníaco.

No Uzbequistão, os fertilizantes líquidos são produzidos principalmente nas empresas "Ifoda agro chemical protection" LLC e JSC "Indorama Kokand fertilizers and chemicals", bem como noutras empresas privadas.

Os fertilizantes líquidos são 30% mais baratos do que os fertilizantes sólidos, e o coeficiente de absorção é de 85-90%, ou seja, quando se utiliza nitrato de amónio sólido e ureia, 50% dos nutrientes (azoto) e outros nutrientes são perdidos devido à lixiviação, nitrificação e desnitrificação.

O crescimento das plantas atinge 10-12 cm em dias e semanas em locais onde os fertilizantes sólidos são aplicados de acordo com a humidade do solo. Se o fertilizante for aplicado na forma líquida, difundir-se-á 500-500.000 vezes mais rapidamente nos microporos do solo do que o fertilizante sólido.

Na produção de fertilizantes líquidos, o seu custo é 30% inferior ao dos fertilizantes sólidos. Porque eles são cozidos no vapor e não granulados.

As plantas desenvolvem vigorosamente os seus corpos e raízes, aumentam a produtividade, ou seja, asseguram que o azoto, o fósforo e outros nutrientes sejam absorvidos pela planta. São utilizados adubos líquidos que contêm nitrato de cálcio, nitrato de amónio, ureia e amoníaco. Para além destes, os fertilizantes líquidos com oligoelementos (cobre, cobalto, zinco, etc.) são utilizados contra a murchidão e a gamose no algodão e as doenças de ferrugem no trigo. O custo é 30% inferior ao do nitrato de amónio seco e da ureia, o coeficiente de trabalho útil é 35-40% superior e o rendimento aumenta 5-7%. Além disso, não são utilizados produtos químicos tóxicos e dispendiosos contra as doenças das plantas [9,10].

A forma mais conveniente de isolar o nitrato de cálcio é arrefecendo a solução e cristalizando-a como um produto separado. Este pode ser utilizado como nitrato de cálcio [11-12].

O nitrato de cálcio é fortemente higroscópico e, a uma temperatura normal, liga-se à água e transforma-se em hidrato de $Ca(NO_3)_2{*}4H_2O$.

Existem formas mono, di, tri e tetra-hidratadas de cálcio, enquanto a última forma, $Ca(NO_3)_2 * 4H_2O$, é estável à temperatura ambiente e começa a desidratar acima de 51^0 C, e quando aquecida acima de 561^0 C, a água do hidrato separa-se para formar nitrato de cálcio completamente anidro, depois decompõe-se e a equação deste processo torna-se

$$Ca(NO_3)_2 = CaO + NO + NO_2 + O_2$$

O nitrato de cálcio anidro, tal como o seu hidrato, é também muito solúvel em água. A sua solubilidade aumenta de 50,5 para 78% em peso quando a temperatura é de 0-51,6°C. Do mesmo modo, varia apenas 1% entre 51,6°C e 151°C (79% a 151°C em vez de 78% a 51,6°C).

Na produção, o nitrato de cálcio, que se separa durante o tratamento dos fosfatos com ácido nítrico, forma-se em grandes quantidades e o nitrato de cálcio foi isolado.

Cerca de 5% de nitrato de amónio é adicionado para aumentar a qualidade físico-química do nitrato de cálcio e para formar sais di-hidratados, bem como durante a cristalização do nitrato de cálcio. Verificou-se que é bem assimilado em todos os tipos de solo. Quando é adicionado a solos salinos (NaCl e Na_2SO_4), o efeito negativo do sódio na planta é reduzido.

Para reduzir a higroscopicidade do nitrato de cálcio, adiciona-se carbonato de cálcio, carbonatos ou bicarbonatos de potássio, sódio, amónio ou de metais alcalino-terrosos, fosfatos neutralizados ou básicos, caserite, kieselguhr, sulfato de potássio ou sulfato de amónio, parafina de óleo combustível. Além disso, os cientistas do Instituto de Química Geral e Inorgânica da UzFA realizaram investigação científica sobre os factores que afectam a higroscopicidade do nitrato de cálcio e o processamento de fosforitos com ácido nítrico nos laboratórios de fertilizantes de fósforo.

No tratamento dos fosfatos com ácido nítrico, formam-se resíduos, fosfatos de cálcio, nitrato de amónio, nitrato de cálcio e outros produtos.

Após a conclusão do processo de lavagem dos cristais de nitrato de cálcio com ácido nítrico frio, obtém-se o adubo de nitrato de cálcio e amónio, o que encurta e facilita a tecnologia de produção.

Em segundo lugar, os cristais de nitrato de cálcio de uma grande fração, tratados com óleos do sul do Uzbequistão ou outras substâncias orgânicas hidrofóbicas, devem ser armazenados em películas de polietileno, como na produção de nitrato de amónio.

§1.4. Utilização do nitrato de cálcio, que separa os fosfatos no tratamento do ácido nítrico, para obter amoníaco

A fim de expandir a indústria química, a produção de fertilizantes de azoto líquido a partir de vários fertilizantes minerais sólidos foi definida como uma tarefa.

Alguns fertilizantes líquidos têm nutrientes mais concentrados do que os fertilizantes sólidos e são mais económicos. Ou seja, a quantidade de nutrientes N no amoníaco praticamente utilizado é de cerca de 40%, e o valor do azoto no salitre é de 32,3%.

Durante a preparação do nitrato de amónio cristalizado, metade do amoníaco transforma-se em ácido nítrico e o resto é utilizado para o neutralizar.

Antes de o adubo estar pronto, o nitrato de amónio obtido passa por muitos processos.

Não há necessidade destes processos na produção de gins líquidos. O esquema de produção de amoníaco é simplificado, 25% do amoníaco constituído por ácido nítrico é consumido [9-11]. De acordo com as estimativas, a construção de fábricas baseadas na produção de fertilizantes de azoto líquido poupará 25% dos fundos

Na literatura estrangeira, há informações sobre a construção de muitas fábricas para a produção de fertilizantes azotados líquidos. Por exemplo, na América, 42,7% de todos os adubos azotados são produzidos na forma líquida.

A gama de adubos azotados líquidos é constituída praticamente pelos seguintes tipos: amoníaco líquido, amoníaco aquoso, amoníaco nitrato de amónio, nitrato de cálcio, ureia e outros. Os amoníacos são de cor amarela brilhante ou amarela. De acordo com as condições técnicas, o amoníaco como fertilizante divide-se em tipos A, B e V.

Tipo A - uma solução aquosa de nitrato de amónio e amoníaco, uma solução contendo 34-37% de azoto, tipo B - uma solução contendo os mesmos componentes mas contendo 37-40% de azoto, e tipo V - contendo nitrato de amónio, nitrato de cálcio e soluções de amoníaco 28,6 -31,7% são soluções fixadoras de azoto.

1.1- Quadro

Teor de substâncias amoniacais A, B e V no adubo.

№	Nome das substâncias	A	B	V
1	NH_3	14-17%	23-26%	18-20%
2	NH_4NO_3	64-67%	53-56%	27-30%
3	H_2O	22-16%	24-18%	30-22%
4	$Ca(NO_3)_2$	-	-	25-28%

Quando o amoníaco é misturado com amoníaco líquido, há uma ligeira alteração na pressão de vapor. Assim, o vapor de amoníaco líquido tem uma pressão de 7,7 atm a 20°C, 14,9 atm a 40°C e 19,7 atm a 50°C.

0,5-0,6 atm para o tipo A a 50°C para vapores de amoníaco. pressão, 1,0-1,5 atm para o tipo B. pressão, 0,4-0,6 atm para o tipo V. é a pressão.

§ 1.5 Métodos de produção para a obtenção de amoníaco de tipo V.

As amostras experimentais foram desenvolvidas na antiga Fábrica Eletroquímica de Chirchik para efeitos de testes agroquímicos de amoníaco, tipo V, obtido com base em nitrato de cálcio, a solução separada durante o tratamento de fosforitos de Karatog com ácido nítrico.

Quando a farinha de fosforito de Karatog é processada num reator com 55% de ácido nítrico numa quantidade 10-20% superior à quantidade estequiométrica, obtém-se um grumo insolúvel. Após a separação do resíduo insolúvel, a solução de ácido nítrico é lavada com água fria ou água salgada a 10-15°C num decantador-arrefecedor. Os cristais de nitrato de cálcio resultantes são separados da solução primária e lavados em ácido nítrico arrefecido. Neste caso, a quantidade de ácido nítrico deve ser igual à quantidade de cristais a lavar. A lavagem efectua-se de três formas consecutivas. Depois de os cristais lavados serem neutralizados com amoníaco (gasoso), são saturados até a quantidade de amoníaco atingir 25% num dispositivo especial para amoníaco. Como resultado do trabalho, foram obtidos 500-600 kg de amoníaco de grau V

1.2- Quadro

Composição química do amoníaco obtido

A primeira variedade			
№	Nome das substâncias	%	N, %
1	NH_3	26,2	21,58
2	NH_4NO_3	27,3	9,55
3	$Ca(NO_3)_2$	28,09	4,77
4	Azoto total		35,90
5	P_2O_5		0,15
O segundo tipo			
№	Nome das substâncias	%	N, %
1	NH_3	25,7	21,17
2	NH_4NO_3	20,6	9,21
3	$Ca(NO_3)_2$	25,0	4,25
4	Azoto total		32,63
5	P_2O_5		0,6

O amoníaco obtido na fábrica foi testado nas explorações agrícolas da região de Tashkent. A aplicação de amoníaco no solo foi efectuada através da construção de GSKB em máquinas da marca PUA, aplicando-o a uma profundidade de 12-15 cm para o algodão. O fertilizante líquido de grau Ammiacat V foi aplicado em 5 hectares de campos de algodão. Apesar de o amoníaco de nitrato de cálcio se formar a partir de torrões, não foi encontrada qualquer dificuldade na sua aplicação ao solo.

Ao trabalhar com amoníaco de nitrato de cálcio, o salitre não cristaliza na máquina e os seus tubos não ficam entupidos.

Além disso, de um ponto de vista prático, foi demonstrada a possibilidade de utilizar amoníaco tipo B como fertilizante líquido em campos de algodão

§ 1.6 Funções dos nutrientes nas plantas

Diferentes plantas têm diferentes quantidades de azoto. Em média, 4-5% (em massa seca) das folhas dos rebentos, no final da estação de crescimento, vai para as sementes (grãos, etc.).

A maior parte do azoto da planta está presente nas substâncias proteicas (16,5-17,5%). As proteínas contêm mais de 20 aminoácidos. O azoto é um componente de substâncias vitais - ácidos nucleicos, clorofila, algumas substâncias de crescimento (heteroauxina) e vitamina (grupo V) [5].

Os compostos orgânicos de azoto não proteico são formados nas plantas ou por processos sintéticos que envolvem amoníaco e componentes de carbono ou pela decomposição de proteínas.

As amidas são produtos próximos dos aminoácidos, nos quais o grupo amida substituiu o hidróxido do grupo carboxilo. Entre elas, a asparagina e a glutamina estão amplamente distribuídas nas plantas. As plantas também contêm azoto, colina e outras formas.

O azoto em compostos orgânicos não proteicos representa 20-25% do azoto total na planta. Em condições nutricionais desfavoráveis, incluindo falta de potássio e pouca luz, a quantidade de compostos de azoto não proteico aumenta. Os compostos inorgânicos de azoto podem estar presentes nas plantas sob a forma de nitratos (numa vasta gama de quantidades). Muitas plantas não têm amónio, mas começam a acumulá-lo como resultado de uma mudança radical no processo de metabolismo. Tem um efeito tóxico para a planta.

O fósforo faz parte dos ácidos nucleicos, das nucleoproteínas, dos fosfatídeos, dos fosfatos de açúcar e de uma série de enzimas e vitaminas. Todos os organismos são formados a partir do ácido difosfórico da adenosina e do ácido fosfórico mineral com a participação da energia de oxidação de várias substâncias orgânicas como agente universal do metabolismo e acumulador de energia.

Nas plantas, o fósforo encontra-se principalmente nas sementes. As sementes oleaginosas contêm 1,3-1,6% de P_2O_5, os grãos contêm 0,6-1,2%, as sementes e os caules contêm 0,1-0,4% de P_2O_5. Na fertilização com fósforo, o fósforo nas sementes é ligeiramente alterado. Nas folhas e caules, a quantidade varia numa gama maior.

Os compostos de fósforo nas plantas dividem-se nos seguintes grupos:

Compostos inorgânicos de fósforo. Encontram-se principalmente nas raízes, folhas e raízes, com pequenas quantidades nas sementes. Determinam as normas para a aplicação de fertilizantes com fósforo.

Ácidos nucleicos e nucleoproteínas. Combinações de ácidos nucleicos com proteínas. São componentes importantes do protoplasma e do núcleo celular, e deles dependem os processos de crescimento, reprodução e síntese de compostos orgânicos importantes.

Os fosfatídeos são substâncias gordas (sais de lecitina, cefalina e ácido fosfatídico), que se encontram principalmente nas sementes, fazem parte do protoplasma e participam na construção da sua estrutura.

Fosfatos de açúcar e fitina. Os fosfatos de açúcar participam ativamente na troca de hidratos de carbono e participam como produtos intermédios nos processos de oxidação-redução. A fitina é uma substância de reserva nas sementes das plantas e participa no seu crescimento. Especialmente nas plântulas jovens existe uma grande quantidade de ácido nucleico e fosfatídeos.

O potássio é necessário para manter o estado ativo e a elevada reatividade das células vegetais. Se faltar, os processos de metabolismo, o movimento e a transformação dos hidratos de carbono nas plantas são perturbados. Este elemento não pode ser substituído por outro (sódio, lítio, rubídio, etc.).

Especialmente na primeira fase do desenvolvimento da planta, o potássio é ativamente assimilado. À medida que a planta envelhece, o potássio desloca-se para os pontos de crescimento (pontas).

Numa célula vegetal, o potássio está localizado principalmente no citoplasma, com quantidades menores no plastídio e no núcleo. Parte dele encontra-se sob a forma de troca iónica. O potássio desempenha um papel importante na regeneração e síntese de proteínas nas plantas. Se faltar, este processo abranda drasticamente e ocorre a quebra das moléculas de proteínas.

O magnésio faz parte da clorofila. A sua função não se limita a isso e tem outras propriedades.

O cálcio é necessário para o crescimento e desenvolvimento moderados do sistema radicular das plantas. O sal de pectina de cálcio faz parte das substâncias chamadas placas intermédias que interligam as células individuais. O cálcio neutraliza o ácido quelico formado nos processos metabólicos das plantas e também participa na sua conversão numa substância insolúvel inofensiva.

O enxofre é um componente integral das proteínas vegetais. Incluindo aminoácidos (metionina, cistina e cisteína), algumas vitaminas (biotina, tiamina) e gorduras.

O ferro é um componente das enzimas respiratórias. Desempenha um papel importante nos processos de oxidação-redução nas plantas.

O cobre faz parte das enzimas oxidantes e desempenha um papel importante no metabolismo das plantas. Está localizado nos cloroplastos. Se houver falta de cobre, a clorofila é destruída e a planta sofre de clorose.

§ 1.7 Controlo das doenças do algodão e produtividade - métodos modernos de cultivo

Sabe-se que as doenças do algodão, as ervas daninhas e as pragas de insectos afectam negativamente o crescimento, o desenvolvimento e o rendimento do algodão. Cada uma delas pode destruir uma determinada parte da cultura. Se não lutarmos contra elas, 34-35% da colheita pode morrer.

Entre as doenças do algodão, são conhecidas a podridão radicular, a gamose e a murchidão. No caso da doença da podridão radicular, o algodão é danificado desde a primeira germinação até ao período de 3-4 folhas. Esta doença ocorre em solos próximos de lençóis freáticos, em zonas frias e de elevada pluviosidade, devido à sementeira em profundidade. Esta doença é causada pelo fungo rhizontasia [13]. O algodão infetado fica preto, formam-se manchas pretas no colo da raiz e a área afetada racha, e os rebentos que não recebem nutrientes murcham e secam. Contra isto, a semente é tratada com substâncias tóxicas, o arejamento e a temperatura devem ser bem mantidos.

A doença de Gommoz é uma doença bacteriana que afecta o algodão desde a germinação até ao fim da estação de crescimento. Durante a estação de crescimento, desenvolve-se rapidamente a uma temperatura de 250-280C e abranda a uma temperatura superior a 300C. Esta doença afecta todos os elementos da cultura, como as sementes, as folhas e os caules, os caules e as vagens. Quando as sementes e as folhas estão danificadas, a planta fica com 4-9%, quando o caule está danificado, 1862% (por vezes no início), são pulverizadas as funções sistémicas fundozal (1%, 5kg/ha), derazol (2-3%, 4-5kg/ha), suspensões KMAX (1,7%, 5kg/ha) e soluções de ureia a 1,5%. Antes da lavoura de outono, são aplicados fungicidas pentacloronitrobenzeno (PXNB) 150 kg/ha ou arylan 100 kg/ha nos campos de algodão.

Quando o pó de cobalto foi adicionado ao solo, deu melhores resultados do que a glauconite. Está provado que quando o pó de cobalto é utilizado juntamente com amofos, a doença da murchidão do algodão é 2-3 vezes menor e o rendimento do algodão aumenta até certo ponto. Como substâncias que danificam as sementes, para além das acima referidas, utiliza-se cronicamente o baytan com ação sistémica e de contacto - universal (19,5% em pó), baytan (15% em pó), vitavaks (75% em pó), vitavaks-200 (75% em pó), vitathiuram (80% em pó), pentathiuram (50% em pó), granozan (23% em pó) e outras substâncias, e formam-se espécies de insectos resistentes às mesmas. Por conseguinte, os tipos destas substâncias são alterados todos os anos. As substâncias tóxicas são mais eficazes se forem utilizadas em combinação com substâncias poliméricas adesivas (NaKMTs) e oligoelementos, substâncias de crescimento (tipo cloreto de cloroquina, humato de sódio, ácido succínico, naftenatos). O envenenamento de sementes é efectuado em máquinas PSSh-5, PS-10A, KPS-10, Mobitoxsuper e outras[13]. Dependendo do tipo de planta, da superfície da semente, a quantidade de fármacos é utilizada até 5-15 kg por tonelada.

Quando a doença atinge o ponto de crescimento da planta, esta perde completamente a cultura, a planta jovem seca. A doença aparece na folha ou noutros órgãos da cultura sob a forma de uma mancha oleosa verde escura. A bactéria da gomose é transmitida através de sementes ou de raízes infectadas não podres deixadas no campo.

A doença da murchidão prolonga-se desde o período de brotação e floração do algodão até ao fim da estação de crescimento. De 1 a 15 de junho, uma planta infetada perde 75-80% da sua produção.

A doença da murchidão é transmitida principalmente a partir das raízes por fungos. Estes passam o inverno no estado de microesclerose castanha em restos de plantas infectadas. A doença começa nas folhas inferiores, as manchas amarelas ocupam todas as partes ao longo das nervuras da folha, e a folha seca.

Em dispositivos especiais, as sementes são tratadas com 7 kg de substâncias tóxicas TMTD, 1012 kg de Tigam, 12 kg de Fentiuram ou 6-7 kg de bronotak com 15-25 kg de água. As áreas de armazenamento de algodão são desinfectadas com formalina a 2%.

Contra a doença da murchidão, as sementes são tratadas com fundozal ou derazol (3 kg por 1 tonelada), no período de crescimento do algodão (4-5 folhas e no início da penteação-floração repetida) são pulverizadas funções sistémicas - fundozal (1,7%, 3 kg/ha), derazol (2 -3%, 4-5kg/ha), suspensões KMXA (1,7%, 5kg/ha) e soluções de ureia a 1,5% [13]. Antes da lavoura de outono, são aplicados fungicidas pentacloronitrobenzeno (PXNB) 150 kg/ha ou arylon 100 kg/ha nos campos de algodão.

As substâncias tóxicas são os organoclorados e os organofosforados. Os insecticidas organoclorados permanecem no ambiente durante muito tempo e têm um efeito cumulativo, acumulando-se nos tecidos e provocando um envenenamento duradouro.

Os compostos organofosforados são altamente tóxicos e mantêm a sua força no ambiente. Sofrem hidrólise com a água e decompõem-se lentamente.

§ 1.8 Propriedades dos fertilizantes minerais no solo

Quando os adubos azotados e fosfatados (amofos), os adubos azotados (sulfato de amónio, nitrato de amónio) caem no solo, o bicarbonato da solução do solo combina-se com o cálcio para formar bicarbonatos.

$$(NH_4)_2HPO_4+Ca(HCO_3)_2=CaHPO_4+2NH_4HCO_3$$

$$2NH_4H_2PO_4+Ca(HCO_3)_2=Ca(H_2PO_4)_2+2NH_4HCO_3$$

Em solos saturados com bases neutras, o superfosfato em pó transforma-se rapidamente num composto sob a forma de difosfato:

$$Ca(H_2PO_4)_2 + Ca(HCO_3)_2 = 2CaHPO_4 * 2H_2O + 2CO_2$$

Nos solos carbonatados, esta mudança continua ainda mais:

$$Ca(H_2PO_4)_2 + 2Ca(HCO_3)_2 = Ca_3(PO_4)_2 + 4H_2O + 4CO_2$$

A quantidade de bicarbonato de calcite na solução do solo não é suficiente para converter o fosfato dicálcico em fósforo tricálcico insolúvel ($Sa_3(PO_4)_2$). Mas o solo pode ser formado por uma ação complexa. Os fosfatos monodicálcicos são bem solúveis na solução do solo [14-15]. Mas em pequenas quantidades:

$$Ca(H_2PO_4)_2+2H_2CO_3=Ca(HCO_3)_2+2H_3PO_4$$

$$Ca(H_2PO_4)_2+H_2CO_3=CaCO_3+2H_3PO_4$$

pode ser formado, ou afetado pelo complexo do solo, $(solo)N+CaHPO_4=(solo)Ca+H_3PO_4$. Assim, como resultado da troca de iões entre o solo e a solução, como resultado da

Nos processos de troca iónica na solução, há ácido fosfórico na solução, que se combina com os hidróxidos de alumínio e de ferro no solo e se transforma em fosfatos insolúveis (retrogradação):

$$Al(OH)_3+H_3PO_4 \rightarrow AlPO_4-3H_2O$$

$$Fe(OH)_3-H_3PO_4 \rightarrow FePO_4-3H_2O$$

Este processo ocorre rapidamente em solos com muitos iões de hidrogénio (ambiente ácido). Devido à retrogradação, a eficiência dos fertilizantes fosfatados diminui. Portanto, a aplicação de fertilizantes de fosfato de amónio no solo no outono leva a uma grande quantidade de azoto (perda devido aos processos de nitrificação, desnitrificação (explicado abaixo), retrogradação de fosfatos (especialmente em ambientes fracamente ácidos e ácidos).

No outono, é melhor dar superfosfato, superfosfato de aves ao solo. Aumenta a quantidade de cálcio no solo e mantém o seu equilíbrio, proporcionando um ambiente de solo alcalino. Quando os fertilizantes de azoto e de fósforo são administrados em conjunto na primavera, ambos os fertilizantes de azoto são afectados pelas seguintes substâncias presentes no solo e na solução do solo.

$$(NH_4)_2SO_4+Ca(HCO_3)_2=2NH_4HCO_3+CaSO_4$$

$$2NH_4NO_3+Ca(HCO_3)_2=2NH_4HCO_3+Ca(NO_3)_2$$

O sulfato de cálcio é insolúvel, mas as bactérias decompõem-no. Pode ligar-se ao complexo de cálcio.

$$(solo)2H^{+} + CaSO_4 = (solo)Ca^{+2} + H_2SO_4$$

$$(solo)\ 2H^{+} + Ca(NO_3)_2 = (solo)Ca^{+2} + 2HNO_3$$

O ácido sulfúrico pode mesmo reduzir o sulfureto de hidrogénio a fósforos de ouro sob a ação de bactérias (especialmente em ambientes húmidos e pantanosos). Afetado por iões de água

$$(NH_4)_2SO_4 + 2H_2O = 2NH_4OH + H_2SO_4$$

$$NH_4NO_3 + H_2O = NH_4OH + HNO_3$$

Em terras salgadas:

$$(NH_4)_2SO_4 + 2NaCl = 2NH_4Cl + Na_2SO_4$$

$$NH_4NO_3 + NaCl = NH_4Cl + NaNO_3$$

processos vão.

Por conseguinte, forma-se um ambiente ácido e ocorre a retrogradação dos fosfatos. Uma parte é lavada com água azotada.

O cloreto de potássio encontra-se no seguinte equilíbrio com o complexo solo:

$$(solo)Ca^{+2} + 2KCl = (solo)\ 2K^{+} + CaCl_2$$

$$2KCl + Ca(HCO_3)_2 = 2KHCO_3 + CaCl_2$$

$$(solo)H^{+} + KCl = (solo)\ K + HCl^{+}$$

Uma parte dos sais de potássio solúveis é arrastada pelas águas azotadas, os iões de cloro do KCl na solução do solo reduzem a fixação dos fosfatos pelas plantas. A aplicação de fertilizante ao algodão num determinado período fará com que este seja absorvido pela planta a tempo. Neste caso, como resultado do processo de troca de iões na superfície das raízes das plantas, os iões de cálcio, alumínio e fosfato são removidos (incluindo iões de sódio, fosfato e sulfato). A adição de fertilizantes azotados ao solo em grandes quantidades também provoca o seu desperdício. Porque eles (especialmente nitrato de amónio, sulfato) dissolvem-se muito bem na solução do solo.

Devido a isto, os iões OH- dos sais não estão ligados ao complexo do solo e estão em solução. As bactérias Nitrosomans, Nitrosocystis, Nitrosolobus e Nitrosospiran no solo (primeira fase) e as bactérias Nitrobacter, Nitrospina e Nitrococcus (segunda fase Virogradsky, 1952, Zavarziya, 1972) [16,17] convertem os sais de amónio em ácido nítrico (nitrificação). T.V. Tarans (1973) [18], apresenta as seguintes equações:

$$NH_4^{+} + 1{,}5O_2 = NO_2 + H_2O + H^{+} + 66{,}5\ kcal (fase\ 1)$$

$$NO_2 + 0{,}5O_2 = NO_3^{-} + 17{,}5\ kcal$$

Este facto é definitivamente positivo. No entanto, na presença de microrganismos desnitrificantes (Bact. denitrificans, Bact. stutzeri, Bact. fluorescens, Bact pyocyaneum, etc.), verificou-se que os nitritos e os ácidos nítricos são reduzidos a azoto elementar. Este processo ocorre especialmente rápido quando há falta de ar no solo, quando há um ambiente alcalino no solo. As bactérias utilizam o oxigénio dos nitratos para oxidar a matéria orgânica:

$$C_6H_{12}O_6 + 4NO_3^{-} = 6CO_2 + 6H_2O + 2N_2$$

O processo prossegue com a absorção de calor (endotérmico) e, de acordo com T. P.

Pirakhunova (1983), o algodão absorve 30-40% do azoto num solo cinzento típico [19], 18-21% do azoto é fixado no solo, 42-47% do azoto está no estado gasoso, voando para o ar, e 2-3% do azoto é lavado durante a irrigação.

Se os fertilizantes azotados e fosforados forem aplicados gradualmente no solo, a ocorrência das situações negativas acima referidas será reduzida. É melhor dar fertilizantes azotados, especialmente sulfato, nitrato de amónio e ureia (ureia) durante a estação de crescimento.

Os fisiologistas determinaram que a nutrição através das raízes das plantas ocorre com determinados ritmos. Diferentes plantas absorvem aniões (sulfato de nitrato, fosfatos) e catiões (potássio, cálcio, etc.) no mesmo dia com ritmos máximos e mínimos de 4-6 períodos, e esta situação está relacionada com a libertação das substâncias absorvidas para a solução externa. Além disso, na nutrição das plantas, ou seja, no fósforo, há grandes períodos de assimilação de azoto e de potássio, e durante a germinação e o abrolhamento das sementes, a planta necessita principalmente de fósforo, e a procura de azoto ocorre quando a superfície de assimilação da raiz da planta está desenvolvida ao máximo, e durante a colheita, sente a necessidade de menos azoto, fósforo e principalmente potássio. durante o desenvolvimento da planta, não aceita fertilizantes em excesso, ou seja, mais do que o necessário para o crescimento. Por conseguinte, a desnitrificação excessiva do azoto e a retrogradação do fósforo provocam um aumento do consumo de fertilizantes e uma diminuição da sua eficácia. -O sistema de fertilização é um sistema de controlo de qualidade (até 6 toneladas) e é atualizado 2-3 vezes por mês[20-23]. Vivem principalmente à volta da raiz (rizosfera). Também se alimentam de substâncias minerais como as plantas, mas, mais importante, alimentam-se de resíduos orgânicos (resíduos de plantas, estrume, etc.) e mineralizam e sintetizam vitaminas e substâncias de crescimento.

E. N. Mishustin determinou que 125 kg de azoto, 40 kg de P2O5 e até 25 kg de K2O eram recolhidos por hectare no plasma microbiano em solos férteis. A acumulação biológica de substâncias minerais no solo é um estado temporário, quando os microrganismos morrem, o plasma é mineralizado e a planta absorve-as.

Se houver muito húmus vegetal e estrume no solo e pouco azoto, os micróbios absorvem parte do azoto adicionado ao solo. Por conseguinte, é necessário misturar estrume e substâncias minerais. Esta situação também se aplica ao fósforo, enxofre e outras substâncias necessárias às plantas. A intensidade da absorção biológica depende da humidade do solo, do arejamento, das propriedades do solo, das substâncias orgânicas e dos minerais que são uma fonte de energia para os microrganismos.

Com base em muitos anos de experiência na cultura do algodão, os cientistas uzbeques determinaram que é útil planear os procedimentos de aplicação de fertilizantes minerais no solo da seguinte forma. É preferível aplicar 65-70% da taxa anual de fertilizantes fosfatados antes da lavoura, alguns antes da plantação e durante o período de floração. Se 1 kg de solo contiver até 15 mg de fósforo móvel, os fertilizantes fosfatados são aplicados em três períodos durante a lavoura e durante a floração. Se o teor de fósforo for de 16-30 mg/kg, é administrado durante a lavoura e ao mesmo tempo que a plantação.

Se o teor de fósforo for superior a 31 mg/kg, o adubo fosfatado deve ser aplicado uma vez, ou seja, aquando da lavoura.

Se a taxa de produtividade for de 30-35 centavos por hectare, no primeiro caso é administrado 14% de superfosfato simples a 1170 kg/ha (ou 499 kg de amofos), no segundo caso 180 kg/ha, e no terceiro caso 130-135 kg/ha. Se houver 46-60 mg/kg de fósforo móvel no solo, é necessário adicionar 90 kg/ha de fósforo puro. Os fertilizantes azotados são utilizados principalmente durante o crescimento do algodão. 30-35 kg/ha (na quantidade de azoto) durante a sementeira e 50-75 kg/ha são dados durante a sementeira nas terras onde é dada água adicional para a recuperação das sementes. A fertilização com adubo azotado é dada em pequenas quantidades 40-50 kg/ha 3 vezes em terras férteis, até 5 vezes em terras arenosas e de cascalho menos férteis. A última alimentação é efectuada de 15 a 20 de julho, até ao primeiro dia de agosto nas terras menos férteis. Com base em muitos anos de experiência, os cientistas do Instituto de Investigação do Algodão do Uzbequistão estabeleceram a taxa média anual de fertilizantes minerais na quantidade de N=250 kg/ha, P2=175 kg/ha e K2O=125 kg/ha, N=30 kg, P2O5=125 kg, K2O= 65 kg, 50 kg cada quando o algodão produz 2-3 gomos, N=85 kg, K2O=60 kg quando o algodão está a brotar, e N=85 kg, P2O5=50 kg quando floresce.

Recomenda-se 119-140 kg de potássio em forma pura para obter 30-45 centavos por hectare em zonas com um abastecimento deficiente do solo [24-26].

Recomenda-se que 50% deste valor seja aplicado na lavoura e o restante com fertilizante azotado na monda das cápsulas de algodão.

§ 1.9. Tratamento de sementes com fertilizantes minerais efeito da aplicação

É possível aumentar a produtividade das culturas agrícolas em 2-3 vezes devido a medidas como a utilização de fertilizantes minerais, a melhoria de outros métodos agrotécnicos complexos e a melhoria da cultura agrícola com base em provas científicas. Por exemplo, verificou-se que, na cultura do algodão, o tratamento com soluções de substâncias orgânicas e minerais para assegurar uma germinação e desenvolvimento vigorosos das sementes e, consequentemente, aumentar a produtividade, deu bons resultados.

P.A. Vlasyuk e outros [27-30] afirmaram que se for tratado com sais de micronutrientes e substâncias de crescimento, ou seja, sais de manganês, cobre, zinco, ácido bórico, molibdénio amónio, nitrato de alumínio, ácido âmbar, heteroauxina, produtos químicos tóxicos, não há necessidade de tratar com medicamentos.

M.T.Abdullaev [31] e V.P.Kuznetsov [32] sugeriram a plantação de sementes após congelamento e secagem em soluções aquosas de sais de molibdénio a 0,05-0,1 por cento durante 6-12 horas antes da plantação.

I.A. Burkin e outros [33] trataram as sementes com soluções espessas de sais de molibdénio. Neste método, as sementes são bem secas, espalhadas numa camada fina sobre lona em salas bem ventiladas e polvilhadas com uma solução de molibdénio-amónio a 1-2% usando um regador.

M.K. Prokofev e outros [34], no seu trabalho de investigação científica, recomendaram que se mantivessem as sementes num fluxo de cavitação acelerada durante um certo tempo antes da sementeira. Quando as sementes são tratadas num fluxo de cavitação, sob a influência de ondas de choque, os poros sob as sementes são abertos, lavando os inibidores e aumentando o teor de açúcar necessário para o crescimento do fruto.

De acordo com I.S. Orinov [35], a falta de oligoelementos, como resultado do seu processo fisiológico natural, cria um ambiente favorável ao desenvolvimento de tecido vegetal causador de doenças, o que provoca o aumento da doença. Se este ou aquele sal de oligoelementos for adicionado ao solo, tem um efeito positivo no crescimento e desenvolvimento do algodão e contra a doença da murchidão.

Foram obtidos bons resultados na redução do número de plantas infectadas com murchidão nas variantes que utilizam oligoelementos de molibdénio e cobre. O rendimento do algodão aumentou 35% com o cobre e 44% com o molibdénio.

Para ativar a germinação de sementes peludas, os químicos recomendaram a utilização da preparação "PAV-61" [36]. Neste método, recomenda-se a dissolução de 10,2 g de pereparato "PAV-61" em 60 l de água para preparar 100 kg de sementes peludas para sementeira. A solução resultante é dividida em 2-3 partes, a semente é humedecida e depois é coberta com uma película de polietileno durante 12-18 horas.

A análise do trabalho científico e de investigação efectuado sobre o tratamento de sementes com fertilizantes minerais mostrou que estes aumentam a resistência das plântulas de algodão às doenças e são também utilizados como fungicidas. Ao mesmo tempo, aumentam a fertilidade das sementes em condições de campo e asseguram a maturação precoce da cultura, aumentando o rendimento de um hectare de terra.

Tendo isto em conta, os cientistas do Namangan EngineeringConstruction Institute recomendaram a cobertura de sementes peludas com fertilizantes minerais, preservando os meios de proteção natural [37]. No entanto, a tecnologia de cobertura de sementes peludas com fertilizantes minerais, bem como os modos de funcionamento e as dimensões dos dispositivos, não foram suficientemente estudados e fundamentados.

Em 1977, em cooperação com o Instituto de Investigação da Indústria do Algodão do Uzbequistão (atualmente "Pakhtasanoat Scientific Center" JSC), o GSKTB de Lviv (Kishloqkhimmash) desenvolveu um sistema tecnológico para o descasque de sementes peludas. A figura 1.1 mostra a sequência de implementação do sistema tecnológico.

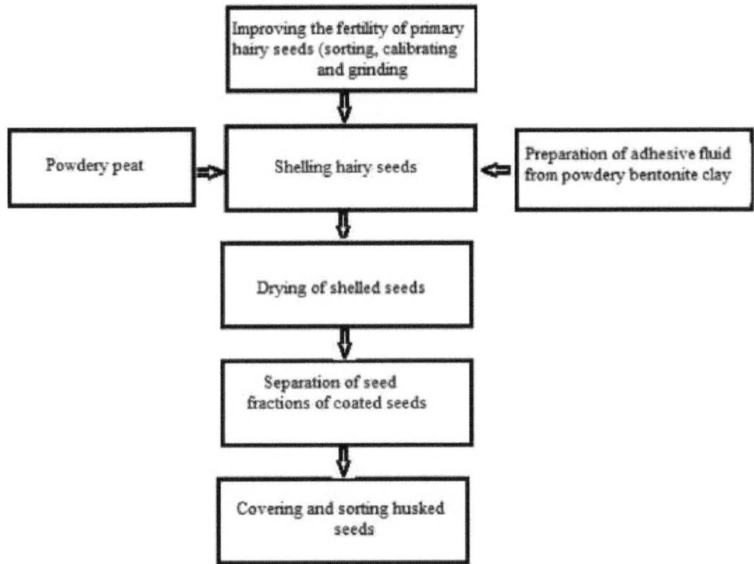

Figura 1.1. Esquema do processo tecnológico de descasque de sementes peludas

Como resultado da investigação efectuada e do trabalho de conceção, foi desenvolvido um método e uma tecnologia de revestimento de sementes peludas com uma bola de lenhina, em cooperação com cientistas do PSUEAITI e do QXMITI [38].

A figura 1.2 mostra o esquema do processo tecnológico de revestimento de sementes peludas com uma bola de lenhina.

A camada de casca que envolve as sementes preparadas com base nesta tecnologia é forte, resistente à fricção e à pressão e, ao mesmo tempo, é higroscópica, absorve rapidamente a humidade e dissolve-se rapidamente sob a influência da humidade. Tudo isto é o resultado desta tecnologia de descasque. No entanto, o facto de esta tecnologia não estar isenta de algumas deficiências, nomeadamente a baixa germinação das sementes descascadas em condições laboratoriais em comparação com o controlo e a falta de melhoria do dispositivo de secagem, impediu a sua introdução na produção.

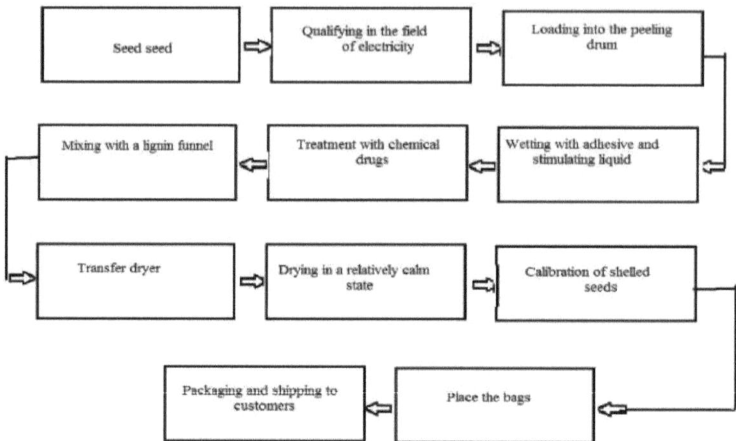

Figura 1.2. Revestimento de sementes peludas com lenhina esquema de tecnologia

Tendo em conta este facto, os cientistas da KXMITI têm vindo a realizar trabalhos de investigação científica desde 2000 sobre a melhoria da tecnologia e das ferramentas técnicas para a descasca de sementes peludas e, como resultado da investigação, desenvolveram um conjunto de tecnologias e ferramentas técnicas melhoradas para sementes peludas e outras culturas agrícolas difíceis de dispersar [39].

A essência desta tecnologia é que as sementes peludas são primeiro seleccionadas de acordo com todas as suas propriedades importantes num dispositivo dielétrico, transferidas através de um alimentador para tambores de descasque e humedecidas com cola líquida e um bioestimulante nutritivo. Após um certo tempo, são tratadas com medicamentos químicos contra várias doenças, são pulverizadas com uma bola de lenhina neutralizada e são secas num dispositivo especial de secagem e colocadas em sacos.

No final do ciclo tecnológico, obtêm-se sementes com uma casca protetora-nutritiva artificial adicional, granuladas, dispersáveis e com melhores indicadores agrobiológicos. Com uma casca protetora-nutritiva adicional, estas sementes aumentam a resistência das sementes às condições climáticas adversas e podem ser semeadas em ninhos claros ou em pequenas quantidades sob película e ao ar livre nos períodos iniciais.

Uma vez que o invólucro protetor-nutritivo adicional tem a propriedade de absorver imediatamente a humidade do solo, as sementes descascadas não são humedecidas antes da plantação, pelo que, nas mesmas condições, é assegurada a sua germinação rápida e completa. Além disso, uma vez que os medicamentos químicos utilizados contra várias doenças permanecem sob a cobertura artificial de proteção-nutrição, o seu derrame nas sementes é eliminado e as condições de trabalho dos trabalhadores e a situação ambiental são melhoradas.

A figura 1.3 mostra o esquema principal do sistema tecnológico de revestimento das sementes de sementes peludas e de outras culturas técnicas e hortícolas com fraca dispersibilidade.

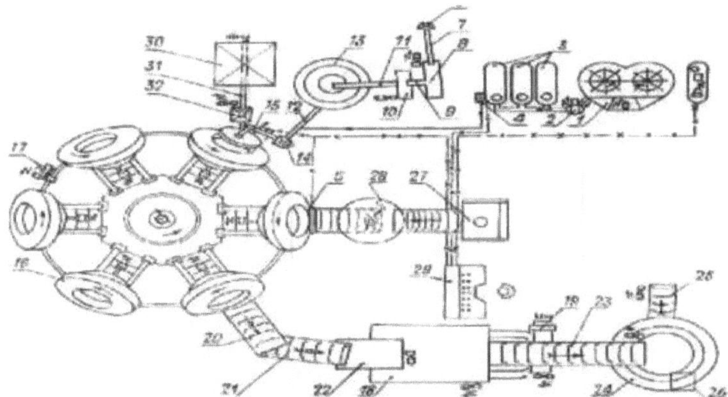

Figura 1.3. Esquema do princípio de um sistema tecnológico melhorado

1-misturador; 2-bomba; 3-reservatórios; 4-moderador; 5-aspersores para pulverização da mistura adesiva; 6-tremonha de carregamento de lenhina; 7, 9, 11, 12, 31-parafusos de carregamento; 8-dispositivo de peneiramento; 10° moinho; 3; 24-tremonhas colectoras; 14, contentor de calibre 32; 15-sem-fim de saída; 16-tambores; 17° carrossel; 18° dispositivo de secagem; 19-calorífero; 20, 21, 23, 25 transportadores de correia; 22-bunker de distribuição; 26° ventilador; 27-filtro dielétrico; 28° bunker de abastecimento; 29-painel de controlo; 30-bunker de medicamentos químicos; 33° compressor; 34 ventilador de ar frio

1.10-§. Análise da construção de dispositivos de descasque

A análise dos resultados dos trabalhos de investigação e de conceção mostrou que foram utilizados três métodos diferentes para dar forma ao produto: colagem sob a forma de grãos, moldagem sob a forma de pastilhas e envolvimento da superfície com uma camada.

O método mais adequado para cobrir sementes peludas, incluindo sementes de culturas agrícolas, é o método de cobrir a sua superfície com uma camada. Por isso, vamos considerar a construção de dispositivos de descasque com base neste método.

Em função da evolução do processo tecnológico, os descascadores são periódicos, contínuos-cíclicos e contínuos. Em função do tipo de órgão de trabalho, os descascadores podem ser divididos em dois grupos: órgão de trabalho ativo com vários dispositivos de mistura e órgão de trabalho passivo. Os descascadores com órgão de trabalho ativo afectam as sementes com a superfície interna dos órgãos de trabalho. A força que actua sobre as sementes resulta do movimento oscilante dos órgãos de trabalho e é horizontal e vertical. A fim de intensificar o processo de descasque das sementes, a superfície dos órgãos de trabalho pode ter várias formas de bolhas.

Os dispositivos de revestimento com um corpo de trabalho ativo são de dois tipos, com base na sua construção: oscilantes verticais e horizontais. Os dispositivos de revestimento com um corpo de trabalho ativo que oscila no plano horizontal são desequilibrados e auto-equilibrados, dependendo do movimento transmitido. Além disso, em função da construção dos corpos de trabalho, os aparelhos de bombardeamento com um corpo de trabalho que oscila no plano horizontal dividem-se nos seguintes grupos: com um corpo de trabalho cilíndrico e com um corpo de trabalho com um veio de várias formas. Na prática, são utilizados dispositivos de bombardeamento com um corpo de trabalho mais passivo [56; 34-p]. Diferem no facto de a mistura do material ocorrer como resultado da fricção e do movimento livre devido à força gravitacional. Normalmente, neste caso, os corpos de trabalho dos dispositivos de descasque são movidos num movimento rotativo ou para a frente. Por isso, dividem-se em tipos de tambor, prato e fita. Os mais comuns entre os dispositivos de bombardeamento são os em forma de placa [57; pp. 16-17]. Por este motivo, apresentam uma série de vantagens, sendo as principais: simplicidade de construção, fácil controlo do processo tecnológico, durabilidade durante o funcionamento, comodidade, etc. São utilizados principalmente para descascar beterraba sacarina, tomate, cebola, endro, cenoura, salsa e outras sementes semelhantes. Ao melhorar estes dispositivos, é possível utilizá-los para o descasque de sementes peludas, o que resulta num aumento da capacidade de espalhamento das sementes peludas, na abertura de um amplo caminho para uma colocação ou plantação precisa com padrões baixos, na redução do consumo de sementes, no amadurecimento precoce da cultura e no aumento da produtividade de um hectare de terra.

A fim de aumentar a capacidade de disseminação das sementes agrícolas, B. Beysinbaev começou por desenvolver a construção de um dispositivo de descasque [58; p. 116].

A figura 1.4 mostra o diagrama de princípio deste dispositivo.

O principal órgão de trabalho deste dispositivo é o tambor 6, que é alimentado com uma mistura de compostos de alimentação de sementes a partir da tremonha 2. A combinação de misturas e as sementes são transferidas manualmente através do crivo 5.

Em seguida, é adicionado um mecanismo de acionamento 9, que faz vibrar o tambor 6, e as sementes, misturadas com compostos nutritivos, são transferidas da janela 10 para o transportador de correia 11.

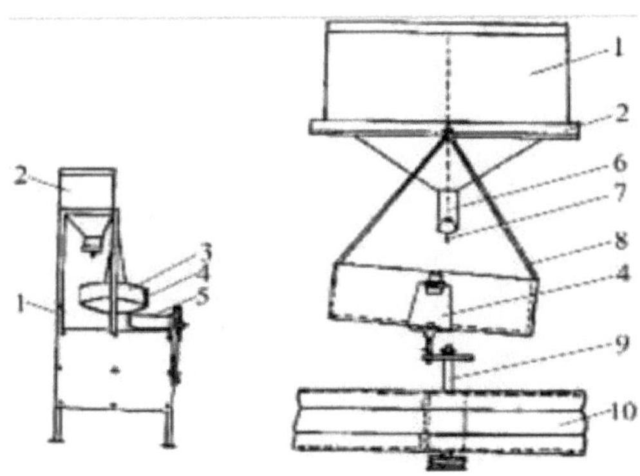

1-quadro; 2-bunker; 3-tambor especial; 4janela de saída; 5-correia transportadora; 6-corneta;
7-obturador de fixação
; 8-cabide; 9-ecêntrico; 10ª extensão

Figura 1.4. Diagrama esquemático do dispositivo de descasque de sementes

O produto acabado é enviado para um dispositivo de triagem ou imediatamente para revestimento. As desvantagens deste dispositivo são a baixa produtividade, o trabalho manual e o facto de o tambor estar aberto, o que cria muita poeira no ambiente.

A construção de um dispositivo de descasque semelhante foi proposta por P.I. Nazarov [59; p. 18]. O dispositivo consiste em dois corpos de trabalho e é utilizado para descascar as sementes de culturas hortícolas.

A figura 1.5 mostra o esquema principal do dispositivo para descascar as sementes de culturas hortícolas.

Dependendo do processo de trabalho tecnológico, ambos os dispositivos de descasque pertencem ao tipo de funcionamento periódico. Consoante o tamanho do tambor de descasque, são carregados no corpo de trabalho 0,5-3,0 kg de sementes pequenas, 4-5 kg de sementes médias e 5-6 kg de sementes grandes. Cada lote de sementes demora 20-30 minutos a ser descascado. Assim, estes aparelhos podem descascar até 18 kg de sementes de culturas agrícolas em 1 hora. Este descascador também tem as mesmas desvantagens que o anterior.

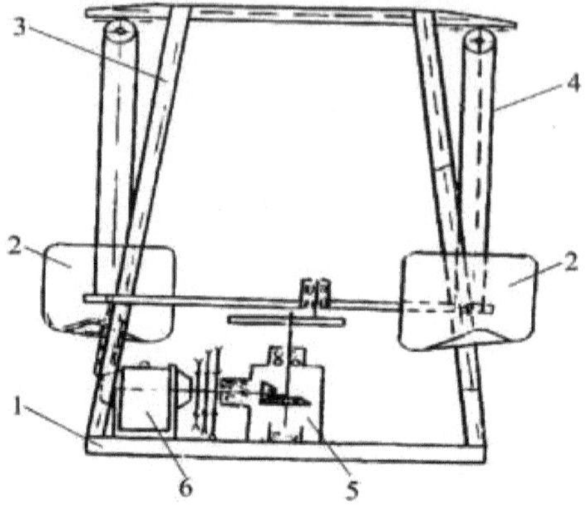

1-moldura; 2-corpos de trabalho; 3-moldura; 4-asas suspensas; 5-redutor com extensão; 6-asas de suspensão

Figura 1.5. Descascamento de sementes de culturas hortícolas - esquema principal do dispositivo

Para eliminar as deficiências acima mencionadas, os cientistas do UkrNISHOM desenvolveram um dispositivo de bombardeamento com um corpo de trabalho vibratório [60; p. 149].

A figura 1.6 mostra o esquema do corpo de trabalho do dispositivo vibratório de descasque.

A mistura e a colisão necessárias das sementes neste dispositivo são efectuadas através da alteração da amplitude e da frequência de vibração do aparelho vibratório. A frequência de funcionamento do dispositivo vibratório é de 35-50 vezes/minuto. Normalmente, a aceleração destes dispositivos vibratórios é de cerca de 50-60 m/s.

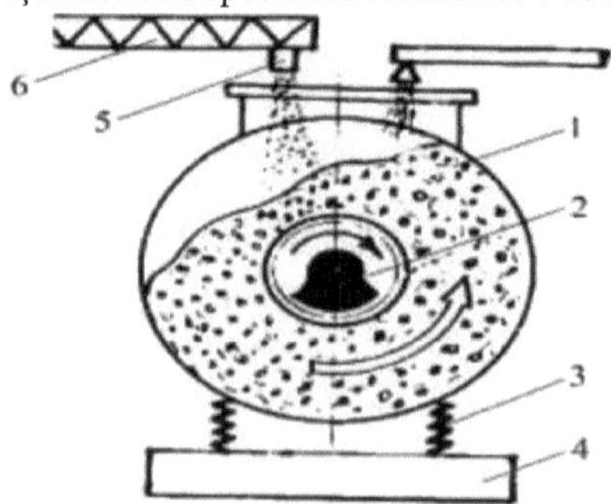

1-corpo de trabalho; 2-eixo de desequilíbrio; 3-mola; 4-base; 5-aspersor; 6-fornecedor com enchimento

Figura 1.6. Diagrama de corpo de um dispositivo de bombardeamento vibratório

O grau de mistura depende também da massa da camada, do tamanho das sementes e das suas propriedades. A análise do processo de trabalho dos dispositivos de descasque com um corpo de trabalho agitado mostrou que a resistência da camada de casca formada no exterior das sementes depende das propriedades dos compostos e da cola de ligação, bem como dos modos de agitação.

A desvantagem do dispositivo é a seguinte: o movimento das sementes envolve a adição de compostos na direção transversal; a dificuldade de controlar o processo de descasque; diminuição da fiabilidade dos corpos de trabalho como resultado da agitação.

Foi proposto um dispositivo para descascar as sementes de legumes e outras culturas, reduzindo a emissão de poeiras para o ambiente [61; p. 6].

A figura 1.7 mostra o esquema principal do dispositivo proposto para descascar as sementes de legumes e outras culturas, reduzindo a emissão de poeiras para o ambiente.

O corpo de trabalho do aparelho tem a forma de uma taça e a tampa tem ranhuras especiais para a ligação de compostos líquidos e secos e para a ventilação externa. Entre a parte superior do corpo de trabalho e a tampa, está instalada uma barreira 6, uma tela de retorno 7 está ligada a ela e separa a camada de fluxo de ar extremamente poeirento dentro do corpo de trabalho do fluxo de ar aspirado. Com um filtro de retorno, forma-se um canal de aspiração (empurrão) para extrair o ar da superfície interior da tampa. Para estreitar o espaço entre o filtro de retorno e o corpo de trabalho, é instalado um compactador em forma de anel 8.

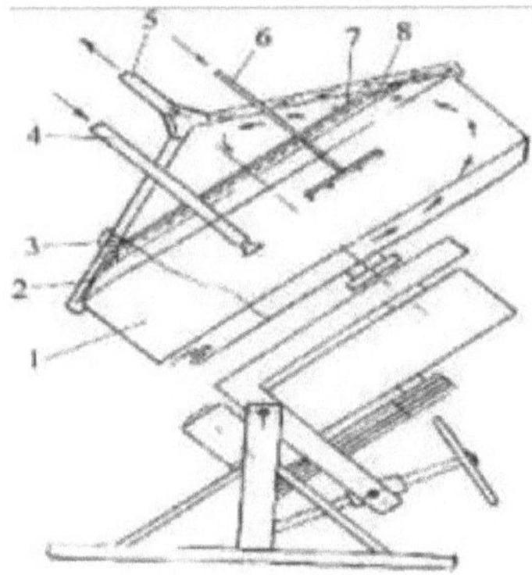

1 - corpo de trabalho; 2 - tampa; 3 - obstáculo; 4 e 6 - condutas; 5 - ranhura; 7 - crivo de retorno; 8 - anel de vedação

Figura 1.7. Sementes de produtos hortícolas e de outras culturas - esquema principal do descascador

Durante o funcionamento do aparelho, forma-se uma mistura de pó e ar em redemoinho no interior do corpo de trabalho, do centro para a parede e para cima, ao longo da base da tampa. Com a ajuda do ecrã, o fluxo de pó é reposto, o canal de aspiração é protegido do pó e, desta forma, a saída de pó fino do corpo de trabalho é reduzida. A desvantagem deste dispositivo é que, durante o funcionamento, o compactador em forma de anel dobra-se e a hermeticidade é quebrada, pelo que o pó se espalha para o ambiente e provoca a deterioração da situação ecológica.

Com base no que precede, foram definidos os seguintes objectivos e tarefas para este trabalho de investigação

1. Melhoria da qualidade agroquímica do Ammophos
2. Estudo da interação química de microelementos-bioestimulantes com Ammofos
3. Preparação de fertilizantes complexos na exploração agrícola
4. Comparação experimental das tecnologias de congelação de sementes peludas em água electroquimicamente activada, água alcalina e descasque com fertilizantes minerais
5. Determinar a fertilidade e a produtividade de sementes peludas revestidas com fertilizantes minerais e composições de micronutrientes em condições de laboratório e de campo;

II. Obtenção de amoníaco a partir de resíduos industriais

2.1. Métodos e métodos de análise utilizados nos trabalhos de investigação científica

Na análise química de P2O5 CaO, MgO, R2O3, Al2O3, SO3, F, N, H2O e outros componentes em amostras de fosforitos, EFK, fosfogesso e outros produtos e semi-produtos utilizados na produção de fertilizantes minerais, são utilizados métodos e métodos conhecidos na literatura.

Determinação dos fosfatos pelo método de precipitação, sob a forma de fosfato de magnésio e amónio [40, 41] e pelo método fotométrico diferencial baseado na formação de um complexo amarelo de fósforo-vanádio-molibdénio [42] e a densidade ótica deste complexo a um comprimento de onda de л = 430-450 nm com um padrão com uma certa quantidade de R2O5 foi realizada por medição fotométrica contra soln.

Na determinação do azoto na forma amoniacal e na forma nítrica do azoto, a quantidade de azoto foi determinada por condução do amoníaco em presença da liga de Devard [43].

O cálcio e o magnésio foram determinados pelo método complexométrico baseado na mudança de cor do indicador (fluorexon para a determinação do cálcio e azul-escuro do crómio ácido para o magnésio) durante a interação dos iões cálcio e magnésio com o trilon B [44].

A determinação dos sulfatos foi efectuada pelo método gravimétrico baseado na precipitação dos sulfatos com cloreto de bário num meio ácido e na pesagem subsequente do precipitado [45].

A quantidade de ferro e alumínio foi determinada pelo método complexonométrico, titulação do ferro com trilon B na presença de ácido sulfossalicílico como indicador, e o alumínio foi determinado com base na titulação inversa da quantidade em excesso de trilon B com solução de sulfato de zinco na presença do indicador laranja de xileno [46].

A determinação de fluoretos foi realizada pelo método ionométrico baseado na medição da concentração de flúor na solução utilizando um elétrodo seletivo com flúor sem separação preliminar de flúor [47].

A determinação dos carbonatos (CO2) foi efectuada por método volumétrico na Aparelho VTI-2 [48].

A água nas amostras sólidas foi determinada por secagem até massa constante a uma temperatura de 100-105oC numa estufa [49].

A fim de caraterizar os produtos intermédios e finais, foram estudadas algumas das suas propriedades físico-químicas: densidade, viscosidade, valor rN. A densidade das soluções e das pastas foi determinada utilizando um picnómetro PJ-2 [50]. As viscosidades cinemáticas das soluções e das pastas foram medidas com viscosímetros capilares de vidro VPJ-1 e VPJ-2 [51]. O valor do pH das soluções e suspensões foi determinado electromecanicamente [52].

Para além de determinar a composição e as propriedades químicas das substâncias iniciais e intermédias, dos semi-produtos e das substâncias, as suas propriedades físicas foram identificadas por fase de raios X, métodos espectroscópicos de IV [53,54, 55, 56, 57,58], espectroscópicos de IV [59, 60,61,62, 63]. Os espectros de absorção de IV dos compostos estudados foram obtidos na gama de frequências de 400-4000 cm-1 no SPECORD-75 IR. As amostras foram preparadas como comprimidos densificados com KBr [59-63].

A análise de fase por raios X dos produtos obtidos foi efectuada utilizando um ânodo de cobalto num difratómetro Dron-2, com uma tensão de 30 kV, uma corrente de 20 mA, uma velocidade do detetor de 2 graus/min, uma velocidade da fita de gráficos de 600 mm/h, um contador de taxa de contagem -1403, uma constante de tempo RS - 2, feito em 0 segundos, orifício - 4*6*1.

A análise das imagens de raios X foi efectuada com base nos programas ICSD-for-WWW [65], Match [66] e PCPDFWIN [67], utilizando os dados de base da "The American Mineralogist crystal structure database" [64].

A análise térmica dos compostos estudados foi realizada no derivatógrafo do sistema Paulik-Paulik-Erdey [68-72] a uma taxa de aquecimento de 10-12 graus/min, o peso da amostra da substância era de 150-200 mg, a sensibilidade do galvanómetro era de DTA-1/1, DTG-1/50, TG Estava na gama de temperaturas de -250, 20-500oS. Foram utilizados termopares de platina-platinodio isolados da substância. O ensaio foi efectuado em cadinhos de platina com tampa. O padrão é o óxido de alumínio queimado.

Os fosforitos de Karatog e Central Kyzylkum, o ácido nítrico, o amofos, o superamofos-K, o nitrato de amónio, o giz (giz dolomitizado), a carboximetilcelulose (KMTs e substâncias que contêm oligoelementos) foram utilizados como matérias-primas durante a investigação.

Os minérios de fosforite são sujeitos a beneficiação primária por via seca ou húmida, tanto para produzir concentrados primários ou fosforite lavada, como para pré-separar o minério antes da beneficiação secundária por flotação. Nos EUA, os minérios de fosforite da Florida contendo ~15% de R2O5 são separados em três classes por imersão e hidrosseparação. Uma grande fração de partículas de ~1,3-1,4 mm contendo 30-40% de R2O5 e uma fração média de partículas de 0,25-1,3 mm contendo 34-35% de R2O5 são obtidas como produtos. Uma pequena fração de menos de 0,25 mm recolhida na massa principal de aditivos é enriquecida por flotação e obtém-se um concentrado contendo 34-35% de R2O5. Neste caso, 65-70% do ferro do minério é separado em produtos R2O5 e o restante um terço dos fosfatos perde-se sob a forma de lamas e resíduos. Os minérios de alta concentração da mina Tennessee são utilizados diretamente sem beneficiação, enquanto os minérios de baixo teor são beneficiados por classificação e lavagem.

Nos países da CEI, são utilizados os concentrados de apatite de Khybin, os concentrados de fosforite de flotação de Karatog, Egorev e Kingisepp, os concentrados de fosforite lavada de Vyatsk, Egorev, Aktyubinsk, Maardu, Kursk e Bryansk e os concentrados de fosforite primária, etc. Cada minério de fosforite tem as suas próprias

características de acordo com as inclusões na beneficiação e o grau de extração do fosfato.
Os concentrados de fosforite de Kyzylkum e os concentrados de fosforite de Karatog obtidos da República do Cazaquistão são utilizados na nossa república.
A ocorrência de fosforitos no território da República do Uzbequistão remonta às camadas Paleogénicas e Cretácicas. Os fosforitos granulares são de grande importância prática e as suas reservas de importância industrial foram acumuladas na mina de Jer-Sardor na bacia central de Kyzylkum. As reservas de fosforite na mina de Jer-Sardor ascendem a 57,68 milhões de toneladas de P2O5. A maior reserva de fosforita está na camada II (60%), na qual o P2O5 tem uma média de 20,93%. Os fosforitos da camada I contêm uma média de 17,03% de P2O5. Os principais minerais que compõem os minérios de fosforita incluem como minerais primários: calcita - 30-50%, fluorocarbonapatita - 25-55%, argilominerais - 5-25%, e como minerais secundários: gipsita, goethita, pirita, quartzo. Verifica-se que cerca de metade do minério de fosforite é constituído por minerais de carbonato.
A beneficiação química de fosforitos não é implementada na prática devido ao consumo de uma grande quantidade de ácido, à formação de soluções diluídas e descartadas e à perda de uma certa quantidade de substâncias fosfatadas devido à transferência para a solução. No entanto, o tratamento químico preliminar de fosforitos pobres através da decomposição parcial do fosfato e da beneficiação por flotação é economicamente viável. A fim de remover carbonatos, a beneficiação química pode ser aplicada a lamas, que são produzidas pela moagem de fosforitos e não podem ser flotadas devido à sua elevada dispersão.
Ácido fosfórico. O ácido fosfórico é um dos principais componentes na produção de fertilizantes fosfóricos. Como semi-produto, é utilizado não só na produção de amphos, superfosfato duplo, mas também na produção de outros adubos complexos e sais técnicos.
O ácido ortofosfórico puro é um cristal prismático incolor que se liquefaz a 42,35^{o} s e é muito solúvel em água.
É normalmente obtido sob a forma de um líquido espesso e oleoso, do qual se separa um produto cristalino por arrefecimento. Na maioria dos casos, a cristalização só ocorre quando é adicionado um aditivo de cristalização (zatravka). Isto é explicado pela tendência do ácido fosfórico para se transformar num estado vítreo após arrefecimento a -121° S e para se transformar num líquido oleoso com uma densidade de 1,88 g/cm^{3} após arrefecimento a 13° S.
A presença de uma pequena quantidade de água leva a uma diminuição da temperatura de liquefação do ácido e atrasa a sua cristalização. O processo de cristalização acelera-se na formação do ácido fosfórico hemihidratado H3PO<0,5H_2 O, que se liquefaz a 29-32° S.
O ácido fosfórico forma soluções aquosas de qualquer concentração. A uma temperatura de 0,5^{o} S, 78,7% de H3PO4 dissolve-se em água, e a uma temperatura de 29,3^{o} S, H3PO4^0,5H_2 O, contendo 91,6% de H3PO4 liquefaz-se incongruentemente. A

partir do diagrama de estado do sistema H_3 PO<H_2 O, também é possível ver as condições para a formação de eutéticos a partir de H3PO4 e H_3 PO<0,5H_2 O, bem como hidrato cristalino.
O ácido fosfórico líquido tem uma densidade de 1,8741 g/cm^3 a 25°C e um ponto de ebulição de 261°C. Com o aumento da temperatura, a sua viscosidade diminui acentuadamente de 263 spz (a 20° S) para 4,7 spz (a 180° S).
À medida que a concentração das soluções de ácido fosfórico aumenta, as suas propriedades alteram-se drasticamente - a sua densidade e viscosidade aumentam e a sua capacidade térmica diminui.
Na presença de aniões adicionais, a densidade das soluções aquosas de ácido fosfórico aumenta, mas é insignificante em comparação com o aumento equivalente da quantidade de P2O5 no ácido. A adição adicional de 1-3% de P2O5 a um ácido inicial contendo 30 e 43% de P2O5 resulta num maior aumento da densidade da solução do que quando é adicionada a mesma quantidade de ácido sulfúrico. Na presença de HCl ou HF, a densidade da solução de ácido fosfórico aumenta impercetivelmente. Observa-se uma alteração significativa da densidade do ácido (como quando se adiciona P2O5 adicional) quando se adiciona H2SiF6.
A densidade de uma solução de ácido fosfórico contendo uma certa quantidade de ácido sulfúrico aumenta com o aumento de aditivos como Al2O3, Fe2O3, MgO, NaOH e KOH. A presença de Al2O3 e Fe2O3 tem um efeito significativo no aumento da densidade da solução, e os iões de metais alcalinos têm um efeito insignificante. Por exemplo, quando a quantidade de Fe2O3 numa solução de ácido fosfórico (45% P2O5) aumenta para 3,25%, a densidade da solução a 20° S aumenta de 1,442 para 1,556 g/cm^3 , e a 70° S - de 1,410 para 1,524 g/cm^3 . A densidade da solução de ácido fosfórico cujo conteúdo de SO4^{2-} é duplicado (em comparação com a quantidade de Fe2O3) aumenta aproximadamente nesta quantidade. A inclusão de ião sulfato até 7% altera a densidade da solução de ácido fosfórico de 1,442 para 1,532 g/cm^3 a 20° S, e de 1,410 para 1,496 g/cm^3 a 70° S.
Na presença de aditivos, a viscosidade das soluções de ácido fosfórico aumenta igualmente em função da natureza do anião ou do catião adicionado ao ácido. A adição de iões cloro e flúor ao ácido não tem qualquer efeito prático no aumento da sua viscosidade. A viscosidade do ácido aumenta ligeiramente mais na presença de H2PO4^{2-} , e ligeiramente menos na presença de HSO4$^-$ e SiF6^{2-} . O efeito dos iões Fe^{3+} , Al^{3+} , Mg^{2+} Na^+ na viscosidade do ácido é praticamente o mesmo, mas a presença de iões potássio leva a um aumento muito menor da viscosidade da solução em comparação com a presença dos iões acima mencionados. A presença de 3,25% de Fe2O3 numa solução de ácido fosfórico (45% P2O5) conduz a um aumento da viscosidade de cerca de 2,5 vezes, e na presença de H2SO4 de 1,5 vezes.
O ácido fosfórico dissocia-se de três formas básicas e progressivas em soluções aquosas:

H3PO4 = H^+ +H2PO4$^-$ K1=7,52x10^{-3} pK1=2,15 (2.1)

H2PO4$^-$ = H^+ +HPO4^{2-} K2=6,31x10^{-8} pK2=7,10 (2.2)

$HPO_4^{2-} = H^+ + PO_4^{3-}$ $K3=1,26x10^{-12}$ $pK3=12,4$ (2.3)

Atualmente, para além do ácido fosfórico, são produzidos ácidos superfosfatos ou polifosfatos, constituídos por uma mistura de ácidos orto-, piro-, tripoli-, tetrapoli- e outros ácidos octapoli- e não polifosfatos. No ácido superfosfórico que contém ~76% de P2O5 (~105% de H_3PO_4): 49% do P2O5 encontra-se no estado ortofosfato, 42% do P2O5 encontra-se no estado pirofosfato, 8% do P2O5 encontra-se no estado tripolifosfato e 1% encontra-se no estado ácido tetrapolifosfato. Como resultado da introdução de aditivos estranhos nos ácidos superfosfatados, é possível observar um aumento na quantidade de formas condensadas de ácidos fosfóricos.

O ácido fosfórico extraível (EFK) é a principal matéria-prima para a produção de adubos fosfatados e sais de ácido fosfórico. O EFK é obtido através da decomposição de matérias-primas fosfatadas com ácido sulfúrico. A composição química e as propriedades do EFK dependem da qualidade das matérias-primas e do método de produção.

Um ácido contendo 21,50% de P2O5 e 1% de nitrato de amónio foi evaporado até à concentração desejada para obter uma concentração relativamente elevada de EFK.

Nos trabalhos de investigação científica, foi utilizado o ácido fosfórico extraível (EFK) obtido pelo método di-hidratado com base nos fosforitos de Karatog com 21,5% de P2O5 e 15,76% de P2O5 com base nos fosforitos de Kyzylkum Central.

A degradação das matérias-primas fosfatadas numa mistura de EFK e ácido sulfúrico foi efectuada num copo de porcelana equipado com um agitador mecânico e num banho de água com temperatura controlada.

Amoníaco. O amoníaco, tal como o ácido fosfórico, é utilizado como matéria-prima na produção de vários adubos de azoto, fósforo e outros adubos complexos.

O amoníaco (NH_3) é um gás incolor com um odor pungente. A uma temperatura de -33,4° S transforma-se num líquido móvel incolor, e a -77,7° S transforma-se numa massa cristalina incolor com um cheiro fraco. 0° S e 760 mm.sim.ust de amoníaco gasoso. A densidade sob condições de pressão é de 0,771 kg/m^3 , e a do amoníaco líquido é de 590 kg/m^3 a 25° S.

O amoníaco é utilizado tanto na forma gasosa como na forma líquida na produção de fertilizantes complexos de fósforo. O amoníaco arde com uma chama azulada num ambiente de oxigénio. O amoníaco utilizado como matéria-prima na indústria dos adubos não deve conter menos de 99,6% de NH3 e não mais de 0,4% de água[1].

2.2. Métodos de obtenção de adubos líquidos e de amoníaco

Os fertilizantes líquidos têm várias vantagens sobre os fertilizantes sólidos, na medida em que não são granulados e secos durante a produção e, quando aplicados na área cultivada, os fertilizantes líquidos são uniformes e bem distribuídos.

A secagem, a moagem, o arrefecimento e a embalagem dos adubos sólidos são processos muito complexos, enquanto os processos tecnológicos na produção de adubos líquidos são um pouco mais curtos. Uma solução ou suspensão que contém um ou mais nutrientes (azoto, fósforo e potássio) é um adubo líquido. De acordo com a sua composição química, os adubos líquidos dividem-se em adubos azotados e adubos complexos.

Os nutrientes dos adubos azotados líquidos apresentam-se em várias formas de amoníaco, nitrato e amida. A água de amoníaco, o amoníaco líquido e o amoníaco líquido são utilizados como adubos azotados líquidos.

Os fertilizantes líquidos incluem oligoelementos (V, Cu, Co, Mo) e outros elementos, herbicidas, estimulantes de crescimento.

Nos anos 50, em condições laboratoriais, o amoníaco de grau V foi isolado do nitrato de cálcio produzido durante o processamento dos fosforitos de Karatog com HNO_3.

Tabela 2.1.

A composição do amoníaco com nitrato de cálcio é a seguinte (% em peso)

CaO	P_2O_5	MgO	Azoto total	Azoto amoniacal	Azoto nitrato
12,38	0,15	0,04	38,80	28,55	10,25

baixos (% por Quadro 2.2.

A composição do sal do amoníaco é a seguinte peso ht)

Amostra	$Ca(NO_s)_2$	NH_4NO_3	NH_3	H_2O
1	36,25	23,20	24,49	16,06
2	37,1	23,7	23,6	15,6

Este método foi objeto de uma amostragem que revelou apresentar vários desafios:

1. Complexidade do processo tecnológico.
2. Consumo de uma grande quantidade de ácido nítrico para a lavagem.
3. Uma certa parte (25-30%) do nitrato de cálcio separado numa solução ácida de nitrato permanece na solução.
4. A amonização dos cristais obtidos na lavagem ácida de arrefecimento e a baixa temperatura (3 °C) requer uma grande quantidade de agente de arrefecimento e equipamento de construção complexo.
5. Uma longa duração da amonificação (de 6,5 a 7,5 horas) durante a decomposição da fosforite (1 hora), para a separação do nitrato de cálcio em cristais (3-7 horas) e lixiviação (de 2 a 2,5 horas).
6. O aquecimento a uma temperatura constante de 20 °C requer uma grande quantidade de energia térmica.
7. O minério de fosforite rara é considerado matéria-prima.
8. Quando a humidade na sala é de 15-16%, a solução salina cristaliza a baixa temperatura.

Objetivo e desempenho dos métodos propostos

1. Redução dos processos tecnológicos.
2. O carbonato de cálcio (giz, dolomite, cálcio, etc.) é utilizado como matéria-prima principal na produção de adubos azotados, ureia, etc.
3. Terminação do processo de separação de fases.
4. Manter a temperatura do processo à custa da energia de reação.
5. Separação do amoníaco que não cristaliza a baixa temperatura e à temperatura

ambiente (em que o teor de humidade é de 24,2-41,0%)

Para atingir o objetivo, o processo é realizado de três formas.

Na primeira opção, o processo é efectuado pela seguinte ordem:

O HNO3 com uma concentração de 50-60% é fornecido ao reator numa proporção não superior a 100% em termos de estequiometria em comparação com CaO e MgO, e o componente que contém cálcio (giz, etc. contendo 85-90% $CaCO_3$, etc.) devido ao excesso de ácido é adicionado. O processo envolve a agitação contínua durante 30 minutos a uma temperatura de 45-50^0 C para obter uma suspensão de nitrato de cálcio. Esta suspensão é transferida através de um volume intermédio para o amoníaco, onde a solução é saturada com amoníaco gasoso a uma temperatura de 35-40 °C até que o teor de amoníaco atinja 17-20% (pH=7,5). A composição do amoníaco (a) obtido (em % em peso): NH3=17-20%, Ca(NO3)2=39-46,5%, MgNO3=1,4-2,2%, H2O=30-37%, azoto amoniacal = 14-17%, azoto nitrato = 7,3-8,3%, azoto total = 21,4-24,3%, quantidade de componentes nutritivos = 59,8-68,7%, etc.

Na segunda opção, o processo é o seguinte:

O HNO3 com uma concentração de 50-60% na matéria-prima é colocado numa proporção de 200% de estequiometria para SaO e MgO e um componente de retenção de cálcio (giz, etc.). O processo é continuamente agitado durante 30 minutos a uma temperatura de 45-50°C. A solução ácida resultante é transferida para o evaporador de amoníaco e a neutralização é realizada devido ao calor da reação a uma temperatura de 90-100°C até que a acidez livre se torne pH=6,5 com amoníaco gasoso.

O teor de amoníaco (b) obtido (% em peso): Ca(NO3)2=27,4-32,5%, Mg(NO_3)2=1,4-1,6%, NH4NO3=28,6-33,2 %, H2O=31-41%, azoto amoniacal=4,7- 5,8%, azoto nitrato=10-11,7%, azoto total=14,7-17,5%, quantidade de componentes nutrientes=57,6 -67,2% e outros.

A terceira opção é diferente da segunda opção, a solução ácida é neutralizada a pH=6,5 no amonizador-evaporador, a solução é arrefecida a uma temperatura de 30-35°C, e a uma temperatura de 35-40°C, a solução é saturada com amoníaco até conter 20% de amoníaco (pH=7,5). A composição do amoníaco obtido (% em peso): NH3=20,0%, Ca(NO3)2=21,9-26,2%, Mg(NO3)2=1,1-1,3%, NH4NO3=23,0-26 ,8, H2O=24,2-32,8, azoto total=29,8-31,8, quantidade de componentes nutritivos=66,0-84,5%, etc.

A quarta opção, ao contrário da segunda opção, o amoníaco neutralizado é saturado com ureia até que a quantidade de azoto no teor de amoníaco exceda 27%. Quantidade de amoníaco (% em peso): Ca(NO3>18.9, NHNO$_3$ =19.0, ZN=27.4, Mg(NO3>0.9 ureia=38.2, Nammiacli=21.1, H2O=22.0, Nnit=6.8,Zoz.m =77.04.

Procedimento e resultados das experiências:

A primeira opção

Exemplo 1. A amostra de componente de cálcio resultante contém 85,85% de $CaCO_3$, 2,9% de $MgCO_3$, etc. A concentração de ácido nítrico é de 50%, a temperatura de decomposição é de 45°C e a temperatura de neutralização é de 45°C. São adicionados à reação 223,2 g de HNO3 a 50% e 100 g de componente de cálcio. O processo é efectuado a uma temperatura de 45°C durante 30 minutos com agitação contínua. Neste caso, 41,2 g de mistura vapor-gás (39 g de CO_2 e 2,2 g de H_2O) são separados na fase gasosa (tabela 2.3).

Os 282,0 g de pasta de nitrato de cálcio resultantes (49,4% de $Ca(NO_3)_2$ e 1,7 g de $Mg(NO_3)_2$ com 44,5 g de H_2O, pH =5,5) são transferidos para o amonizador através de um tanque intermediário, onde 70,1 g de amoníaco em forma gasosa são saturados até que a quantidade seja de 20% (pH =7,6). O processo é realizado a uma temperatura de 40°C durante 30 minutos e 2,2 g de água são evaporados. Obtém-se 349,8 g de amoníaco líquido.

Os 282,0 g de lama de nitrato de cálcio resultantes (49,4% de $Ca(NO_3)_2$ e 1,7 g de $Mg(NO_3)_2$ com 44,5 g de H_2O, pH =5,5) são transferidos para o amonizador através de um tanque intermédio, onde 70,1 g de amoníaco em forma gasosa são saturados até que o

quadro 2.3

Indicadores da decomposição de componentes que contêm cálcio (100 g) com ácido nítrico, ($CaCO_3$=85,85%, MgO=2,91%)

Experiência	TOC	minuto	Solução HNO_3		Quantidade de papas	Separa-se em gás, gr		Conteúdo,%			pH
			Concen. %	Heay, gr		CO_2	H2O	$Ca(NO_3)_2$	$Mg(NO_3)_2$	NH_4NO_3	
1	45	30	50.0	223,2	282,0	39,0	2,2	49,4	1,7	8,9	5,5

é de 20% (pH =7,6). O processo é realizado a uma temperatura de 40 ° C durante 30 minutos e 2,2 g de água são evaporados. Obtém-se 349,8 g de amoníaco líquido. A composição do adubo obtido (% em peso): NH_3=20,2; $Ca(NO_3)_2$=39,7; (tabela 2.4).

quadro 2.4

Indicadores do processo de amonização da suspensão

Número da experiência №	U 0 H	minuto	NH_3	H_2O	Amoníaco quantidade, g	Conteúdo, %								pH
						NH_3	$Ca(NO_3)_2$	$Mg(NO_3)_2$	H_2O	Suplementos	N amoníaco	Nnitrato	Ncomum	
1	40	30	70, 1	2,2	349,8	20,2	39,7	1,40	35,7	3,0	17,2	7,3	24,3	7,6
2	40	30	66,2	2,0	346,0	19,1	40,2	1,41	36,1	3,1	15,7	7,4	23,1	7,5
3	35	35	62,2	1,8	342,2	18,1	40,8	1,42	36,6	3,2	14,9	7,5	22,5	7,5
4	35	35	56,3	1,8	336,2	17,2	41,3	1,40	37,1	3,2	14,2	7,4	21,4	7,5

Example 2. Satura-se a amostra 2 com a solução de nitrato de cálcio da amostra 1 com 66,2 de amoníaco até atingir 19% (pH=7,5), evaporam-se 2,0 g de água. Obtém-se 346,0 g de adubo líquido - amoníaco. A composição do adubo obtido (em % em peso): NH_3=19,1, $Ca(NO_3)_2$=40,23, $Mg(NO_3)_2$=1,41, H_2O=36,1, adição=3,1, azoto amoniacal=15 ,7; azoto nitrato=7,4; azoto total=23,1; componentes da ração 60,74%.

Example 3. Esta amostra é mantida a 35°C durante 35 minutos, até à evaporação da solução de nitrato de cálcio da amostra 1, que contém 18,1% de amoníaco, e 1,8 g de $H2O$.

(pH=7,5): produzem-se 342,2 g de adubo líquido-amoníaco. A composição do adubo obtido (% em peso): NH_3 =18,1; Ca(NO_3 h=40,8; Mg(NO3)2=1,42, H2O=36,6, adição=3,2, azoto amoniacal=14,9, azoto total=22,4, quantidade de componentes nutrientes=60,32.

Example 4. Amostra 4 A saturação de amoníaco da amostra 1 (56,3 g) demora 35 minutos a 35°C até que a solução contenha 12% (pH=7,5) de amoníaco e 1,8 g de H2O seja ligado. Forma-se 336,2 amoníaco líquido de adubo. . A composição do adubo resultante (% em peso): NB=17,2, Ca(NO3)2=41,3, Mg(NO3)2=1,4, H2O=37,1, aditivos=3,2, azoto amoniacal= 14,2. Azoto nitrato = 7,4, azoto total = 21,6, quantidade de componentes nutritivos = 59,9.

Example 5. Nesta amostra, o componente de cálcio contém 90,1% de CaCO3, 4,05% de MgCO3, etc. A concentração de ácido nítrico é de 55%. A temperatura de decomposição é de 50° S e de 40° S quando saturado com amoníaco. São introduzidos no reator 217 g de HNO3 a 55% e 100 g de componente de cálcio. O processo foi agitado continuamente a 50°C durante 30 minutos. Neste caso, 44 g de mistura de vapor gasoso (41 g de CO2 e 3 g de H2O) são libertados para a fase gasosa. Formam-se 275 g de solução de nitrato de cálcio. (53,6% Ca(NO3)2 e 2,5 Mg(NO3)2, 40,7% H2O, 10,0% N (Tabela 2.5).

Quadro 2.5

Indicadores de decomposição de 100 g de componente que contém cálcio com ácido nítrico (CaCO3=90,12% e MgO=4,05%)

Número da	TOC	min	Solução HNO3		Quantidade de papas	Separa-se na forma de gás, g		Conteúdo, %			pH
			contagem, %	Grama pesada		CO2	H2O	$Ca(NO_3)_2$	$Mg(NO_3)_2$	N	
5	50	30	55,0	217,0	275,0	41,0	3,0	53,6	2,5	10,0	40,7
6	50	30	60,0	200,0	256,0	41,0	3,0	53,7	2,7	10,3	38,7

Esta solução é passada através de um coletor intermédio para o amoníaco, onde é saturada com amoníaco gasoso (68 g) até atingir 20% (pH=7,5). O processo leva 30 minutos a 40°C, 2g de H2O são evaporados. Formam-se 341 g de adubo líquido - amoníaco. A composição do fertilizante obtido (em % por peso): NH3=19,9, Ca(NO3)2=43,0, Mg(NO3)2=2,0, H2O=33,7, aditivos=1,3, azoto em amoníaco=16,4, azoto nitrato=7,8,azoto total=24,2, quantidade de componentes nutrientes = 64,9. Nas restantes amostras, a saturação da solução de cálcio é efectuada até à retenção de 19-17% de amoníaco. (Quadro 2.6).

Quadro 2.6

Indicadores do processo de amonização da suspensão

12	T°C	min.	NH_3	H_2O	Quantidade de amoníaco, g	Conteúdo, %								pH
						NH_3	N	Nnitr	N comum	$Ca(NO_3)_2$	$Mg(NO_3)_2$	H_2O	Suplementos	
5	40	30	68,0	2,0	341,0	19,9	16,4	7,8	24,8	43,0	2,0	33,7	1,3	7,5
6	40	30	63,0	2,0	317,0	20,0	16,5	8,3	25,3	46,5	2,2	30,0	1,3	1,3

Com isto, um produto semelhante às amostras 2-4, o azoto em amoníaco é de 15,7-14%; o azoto em nitrato é de cerca de 7,8%, os componentes dos nutrientes são cerca de 65%.

Example 6. Nesta amostra, o componente de cálcio contém 90,12% de $CaCO_3$, 4,05% de $MgCO_3$, etc. 200 g (concentração 60%) de ácido nítrico e 100 g de componente de cálcio são colocados no reator. Neste caso, 44 g de mistura de vapor gasoso (41 g de CO_2 e 3 g de H_2O) são separados na fase gasosa. São separados 256 g de solução de nitrato de cálcio (57,7% $Ca(NO_3)_2$, 38,7%, H_2O, 10,3% N) (Tabela 2.3). Esta solução é passada através de um coletor intermédio para o amonizador para saturação com amoníaco gasoso (63 g) até que a solução tenha 20% de amoníaco (pH=7,5). Evaporam-se 2,0 g de H_2O 60. Produzem-se 317 g de amoníaco líquido para adubo. A composição do adubo obtido (% em peso): NH_3=20.0 Ca(NO3)2,=46.5, $Mg(NO_3)_2$=2.2, H_2O=30.0, aditivos=1.3, azoto amoniacal=16.5 azoto nitrato=8.3, azoto total = 25.3, quantidade de componentes nutrientes = 68.7. As restantes amostras são saturadas com amoníaco até que a solução de nitrato de cálcio contenha 19-17% de amoníaco. Obtém-se assim um produto semelhante ao das amostras 2-4. O produto contém 15,7-14% de azoto amoniacal, 8,3% de azoto nítrico e 68% de componentes nutritivos.

A segunda opção

Amostra 7. Nesta amostra, o componente de cálcio contém 90,12% de $CaCO_3$, 4,05% de $MgCO_3$, etc. A concentração de HNO3 é de 50%, a temperatura de decomposição é de 45°C, a estequiometria padrão do HNO3 é de 200% em relação ao CaO e ao MgO. A solução ácida é neutralizada a uma temperatura de 90°C até pH = 6,5.

476 g de ácido nítrico a 50% e 100 g de componente de cálcio são colocados no reator. O processo é efectuado a uma temperatura de 45°C durante 30 minutos com agitação contínua. Neste caso, 44g de vapor de gás (41g de CO_2 e 3g de H_2O) são libertados para a fase gasosa.

Quadro 2.7

Indicadores do componente que contém cálcio (100g) quando decomposto em ácido nítrico

(na matéria-prima $CaCO_3$=90,12%, Mg=4,05%, rácio HNO3=200% em comparação com CaO e MgO).

Nú	me		TOC	min.	Solução HNO_3	Quantidade	Separa-se na forma de gás, g

			Conc, %	Grama pesada	de papas	CO_2	H2O
7	45	30	50,0	476,0	532,0	41,0	3,0
8	50	30	55,0	434,0	489,0	41,0	4,0
9	50	30	60,0	398,0	453,0	41,0	4,0

Formam-se 532g de solução ácida de nitrato de cálcio. O ácido nítrico livre (119g) em solução é neutralizado com amoníaco gasoso (33g) (103% da estequiometria) num evaporador acelerado para o amonizador. O processo é realizado a 90°C até que o meio da solução pH =6,5. 34g de H_2O evaporam. A solução resultante de 531g tem um teor de solução amoniacal de $Ca(NO_3)_2$=27,4; $Mg(NO_3)_2$=1,6 NH_4NO_3=28,6; H_2O=41,0 add=1,4; azoto amoniacal=5,3; azoto ácido nítrico=10,0; azoto total=15,3; quantidade de componentes da alimentação=57,6 (tabelas 2.7 e 2.8).

Quadro 2.8

Resultados da neutralização (amonização rápida) do HNO3 residual com amoníaco gasoso

Número da experiência №	T^0C	pH	stex contra NH3 para neutralização. quantidade de NH3 por		Quantidade de papas	H O_2		montante, %							
			%	Гр		Гр	%	NaMM	$N_{нитр}$	N_{yMyM}	$Ca(NO_3)_2$	NH_4NO_3	$Mg(NO_3)_2$	H_2O	Suplementos
7	90	6,5	103	33,0	531,0	34,0	18,0	5,3	10,0	15,3	27,4	28,6	1,6	41,0	1,4
8	95	6,5	103	33,0	486,0	36,0	19,0	5,0	11,0	16,6	30,5	31,0	1,4	35,4	1,7
9	100	6,5	103	33,0	455,0	31,0	20,0	5,8	11,7	17,5	32,5	33,2	1,5	31,0	1,8

Exemplo 8. Difere da amostra 7 na medida em que é utilizado ácido nítrico a 55%. 434 g de HNO3 a 55% e 100 g de componente de cálcio são colocados no reator. O processo prossegue com agitação contínua durante 30 minutos a 50°C. 45 g de mistura de vapor de gás (41 g de CO_2 e 4 g de H_2O) são libertados para a fase gasosa. Formam-se 489g de solução ácida de nitrato de cálcio, a solução é passada para o amoníaco gasoso (33g) acelerado pelo amoníaco-evaporador para neutralizar o HNO3 livre (119g). O processo é realizado a uma temperatura de 95°C até que pH =6,5. Neste caso, evaporam-se 36g de água (19%) e formam-se 486g de solução-amoníaco. Composição do produto obtido (% em peso): $Ca(NO_3)_2$=30,5; $Mg(NO_3)_2$=1,4; NH_4NO_3=31,0; H_2O=35; adições=1,7; azoto amoniacal=5,6; azoto nitrato=11,0; azoto total=16,6; quantidade de componentes da ração=62,9.

Exemplo 9. Difere da amostra 7 pela utilização de ácido nítrico a 60%. 398 g de ácido nítrico a 60% e 100 g de componente de cálcio são colocados no reator. O processo é efectuado continuamente durante 30 minutos a uma temperatura de 50°C. 45 g de mistura de vapores gasosos (41 g de CO_2 e 4 g de H_2O) são separados na fase gasosa.

Formam-se 453 g de solução de nitrato de cálcio.

A solução é efectuada no amonizador-evaporador de acordo com as condições das amostras anteriores. Evapora-se 31g (20%) de água. Formam-se 455 g de solução de amoníaco (pH=6,5). A composição do adubo obtido (% em peso): $Ca(NO_3)_2$=32,5; $Mg(NO_3)_2$=1,5; NHNO3=33,0; H_2O=31,0; adições=1,8; azoto amoniacal=5,8; azoto nitrato=11,7; azoto total=17,5; quantidade de componentes nutritivos=67,2:

Nota: é possível aumentar a concentração de nutrientes (azoto e outros sais) evaporando o amoníaco obtido na opção 2 (amostras 7, 8 e 9) até que a humidade seja de cerca de 25%. Composição do amoníaco vaporizado (% em peso): $Ca(NO_3)_2$=32,0-35,3; Mg(NO)32 =1,6-2,0; azoto nítrico=12,7-12,8; azoto total= 18,6 -19,4; quantidade de componentes da ração=73,0-73,3. As amónias com este teor de humidade são fluidas à temperatura ambiente e a baixas temperaturas.

A terceira opção

Exemplo 10. O componente de cálcio na amostra é 90,12% $CaCO_3$, 4% $MgCO_3$, etc. A concentração de HNO3 é de 50%, a proporção de HNO3 para CaO e MgO é de 200% de acordo com a estequiometria, a temperatura de decomposição é de 45 ° C e a neutralização é realizada a 90 ° C para pH = 6,5. A solução é arrefecida a 30°C e neutralizada com amoníaco até se obter 20% de amoníaco livre a 35°C.

Nesta amostra, os processos iniciais, ou seja, a saturação da solução neutralizada, são os mesmos que na amostra 7.531 g de solução - o amoníaco é formado e saturado com amoníaco gasoso (132 g) até 20% de amoníaco a pH-7,5 a 35°C. 664 g de solução - forma-se amoníaco: composição do produto (% em peso): NH3=20,6; $Ca(NO_3)_2$=21,9; $Mg(NO_3)_2$=1,1; NH_4NO_3=23,0; H_2O=32,5; extras=1,2; azoto amoniacal=23,8;

azoto nitrato=8,0; azoto total=31,8; quantidade de componentes da ração=66,6 (quadros 2.92.11).

Quadro 2.9

Parâmetros tecnológicos (indicadores) da decomposição em ácido nítrico do componente carbonato de cálcio.

Número da experiência	TOC	min.	Solução HNO3		Quantidade de papas	Separa-se na forma de gás, g	
			Contagem,%	Pesado, gr		CO2	H2O
10	45	30	50,0	476,0	532,0	41,0	3,0
11	50	30	55,0	434,0	489,0	41,0	4,0
12	50	30	60,0	398,0	453,0	41,0	4,0

Quadro 2.10

Parâmetros tecnológicos da neutralização da solução e da saturação de amoníaco

Número da experiência	T°C	pH	stex contra NH3 para neutralização. quantidade		Quantidade de papas	H2O		Saturação com amoníaco			Quantidade de papas, g
10	90	6,5	103	33,0	531,0	34,0	18,0	30	35	132,0	664

11	95	6,5	103	33,0	486,0	36,0	19,0	35	40	122,0	608
12	100	6,5	103	33,0	455,0	31,0	20,0	35	40	106,0	561

Quadro 2.11

Compostos de amoníaco

Número da experiência №	montante,%								pH
	Namm	Nnitre	$Ca(NOa)_2$	NH3	NH4NO3	$Mg(NO_3)_2$	H2O	Suplementos	
10	23,8	8,0	21,9	20,6	23,0	1,1	32,5	1,2	7,6
11	21,0	8,8	24,4	18,2	24,8	1,2	28,3	1,3	7,5
12	20,4	10,4	26,2	17,4	26,8	1,3	24,2	1,3	7,5

Nota: É possível adicionar oligoelementos (Cu, Zn, Co, Mn, Mo, B) e bioestimulantes ao amoníaco resultante. Estes aumentam a produtividade das plantas agrícolas. A quantidade de micronutrientes no amoníaco deve ser de 0,3-0,05% em excesso.

Exemplo 11. Todos os parâmetros do processo são semelhantes aos da amostra 8, apenas após a neutralização, a solução é arrefecida a 35°C, saturada com amoníaco gasoso (122g) (até que o amoníaco livre atinja 18%) até pH=7,5. O processo é efectuado a 40°C. Formam-se 608 g de solução - amoníaco. Composição do produto obtido (% em peso): NH3=18,2; Ca(NO3>22,4; $Mg(NO_3)_2$=1,2; NHNO3=24,8; HiO=28,3; adições=1,3; azoto amoniacal=21,0; azoto nitrato=8,8, azoto total=29,8; quantidade de componentes da ração=68,6%.

Amostra 12. A diferença em relação à amostra 9 é que todos os parâmetros do processo são os mesmos, apenas a temperatura de amonização é de 100°C e após a neutralização a pH=6,5, é arrefecida a 35°C, com amoníaco gasoso (106g) (até o amoníaco livre atingir 17%) a 40° É saturada a pH=7,5 à temperatura C. Formam-se 561 g de solução - amoníaco. A composição da solução resultante (% em peso): NH3=17,4; $Ca(NO_3)_2$=26,2; $Mg(NO_3)_2$=1,3; NHNO3=26,8; H2O=24,2; mistura=1,5; azoto amoniacal=20,4; azoto nitrato = 30,4%, quantidade de componentes nutrientes = 71,7%.

Os parâmetros do componente contendo cálcio (100g) quando decomposto em ácido nítrico ($CaCO_3$=90,124%, MgO=4,05%). Após amonização rápida, é arrefecido a 30°C e saturado com amoníaco a t=35°C.

A quarta opção

Exemplo 13. Os processos até à neutralização do ácido nítrico com amoníaco são os mesmos que na amostra 8. Em seguida, a solução é saturada com ureia. (até N=27-28 %) 300 g de ureia são dissolvidos em 486 g de solução. Formam-se 786 g de amoníaco. A composição do adubo obtido (% em peso): $Ca(NO_3)_2$=18.9; $Mg(NO_3)_2$=0.9; NH_4NO_3=19.0; ureia $(NH_4)_2CO_2$=38.2; extras=1.0; H_2O=22.0; azoto amoniacal=21.1; azoto nitrato=6.8; azoto total=27.9: quantidade de componentes nutritivos=77.0% (Tabelas 2.12-2.14)

Quadro 2.12

Nitrato de cálcio ou tutgan (100g) acidificado parchalanishi tekhnologik

parameterlari khom ashoda $CaCO_3$ = 90,12%, Mg = 4,05%.

Número da experiência №	TOC	Min.	Solução HNO_3		Quantidade de papa, gr	Separa-se na forma de gás, g	
			Conc, %	Pesado, gr		CO_2	H2O
13	50	30	55,0	434,0	589,0	41,0	4,0

Quadro 2.13

Parâmetros tecnológicos da neutralização (amonização rápida) do ácido nítrico residual com amoníaco gasoso

Experiment number №	$T_{ammonium}$ °C	pH	stex against NH3 for neutralization. amount of NH3 by		Amount of porridge	H_2O	
			%	Gr		Gr	%
13	95	6,5	103	33,0	486	36,0	19,0

Quadro 2.14

Resultados da saturação da suspensão com mochevina

Experiência	Quantidade de papa, gr	Quantidade de Mochevina, g	Teor de amoníaco	Микдори, %							
				Namm	Nnitr	$Ca(NO_3)_2$	NH4NO3	$(NH_4)_2CO$	$Mg(NO_3)_2$	H_2O	Suplementos
13	486,0	300,0	786,0	21,1	6,8	18,9	19,0	38,2	0,9	22,0	1,0

Nota: o componente de cálcio que contém 50-60% de HNO_3, 85-90% de $Ca(NO_3)_2$, 3-4% de $Mg(NO_3)_2$ e outros pode ser utilizado no processo.

Em conclusão, pode-se dizer que a vantagem dos fertilizantes líquidos sobre os fertilizantes sólidos é que eles se difundem bem nos microporos do solo e o nível de absorção pela planta aumenta de 1,5 a 2,0 vezes. Os fertilizantes líquidos têm várias vantagens sobre os fertilizantes sólidos, pois não são granulados e secos durante a produção e, quando aplicados na área cultivada, os fertilizantes líquidos são uniformemente e bem distribuídos. A secagem, trituração, resfriamento e embalagem de fertilizantes sólidos são processos muito complexos, enquanto os processos tecnológicos na produção de fertilizantes líquidos são um pouco mais curtos.

CAPÍTULO 3

III. AUMENTO DA QUALIDADE AGROQUÍMICA DOS ADUBOS AZOTADOS E FOSFATADOS EM CONDIÇÕES AGRÍCOLAS E MECANISMO DE COMPLEXAÇÃO COM MICROELEMENTOS

§ 3.1 Melhoria da qualidade agroquímica do Ammophos

Sabe-se que os elementos azoto, fósforo e potássio são os principais nutrientes para as plantas e, na agricultura, estão contidos nos adubos azotados, azoto-fósforo, fósforo e potássio. São os chamados macrofertilizantes e são administrados em quantidades e épocas diferentes consoante o tipo de planta. Para além destes, os micronutrientes, necessários às plantas e exigidos em pequenas quantidades, ou seja, os chamados microfertilizantes, estão também envolvidos em processos enzimáticos no crescimento das plantas.

Por exemplo, o cobre faz parte de enzimas oxidantes - polifenoloxidase, etc., e participa ativamente na síntese de vitaminas do grupo B. A falta de cobre também provoca uma baixa síntese de proteínas nas plantas.

A experiência a longo prazo dos cientistas mostrou que a utilização de fertilizantes complexos na produção de algodão aumenta a produtividade e reduz a incidência de murchidão e gamose. Assim, para além de participar como catalisador em processos enzimáticos, o cobre também desempenha funções fungicidas.

Os cientistas [14,15] adicionaram metais alcalinos (sódio e potássio) para melhorar a qualidade do fertilizante na produção de amofos, ou seja, para reduzir os compostos de flúor agroquimicamente agressivos e o excesso de aditivos, ou seja, compostos de ferro e alumínio, e para introduzir microelementos e estimulantes de crescimento necessários para a planta no fertilizante. estudaram a precipitação de compostos de flúor com sais de naftenato. Como resultado, receberam amofos de alta qualidade, que é desfluorado e contém naftenato de amónio.

Além disso, criaram um método de extração de compostos de flúor e outros, neutralizando e filtrando o ácido fosfórico extrativo com amoníaco, e estudaram a eficiência agroquímica do produto obtido. Como resultado, foi determinado que o rendimento do algodão aumentou 6,9% em comparação com os anfos produzidos industrialmente

Considerámos novamente a separação da fase sólida da fase líquida da papa de amofos nas condições acima descritas, para preparar adubos de micronutrientes nas condições de produção industrial, ou fora dela, isto é, nas condições de aplicação prática na agricultura, e a fase líquida foi tratada com um estimulador de micronutrientes (naftenato de cobre) e um ativador da estrutura do solo. Considerámos a interação da substância com o álcool polivinílico (PVS).

Existem dois métodos de separação de fases na papa de amofos: um é a filtração e o outro é a separação por centrifugação.

Sabe-se que, para limpar o adubo fosfórico complexo de aditivos inúteis, o ácido fosfórico de extração é filtrado com amoníaco para neutralizar o pH para 4,5-5. A fase sólida é devolvida ao processo de extração ácida e a fase líquida é evaporada até à secura. Como resultado, obtém-se amofos purificado contendo principalmente fosfato de mono e diamónio. Atualmente, este adubo está a ser produzido na empresa da Associação de Produção de Ammofos sob a designação "Fosfato de Monoamónio".

O método mais racional para a separação de fases é o processo de separação centrífuga.

No ácido fosfórico, o ácido sulfúrico e outros aditivos, especialmente os compostos de magnésio, variam (o magnésio é mais no fosforito de Karatog, menos no fosforito de Kyzylkum).

Por isso, estudámos a influência das alterações na quantidade de magnésio e ácido sulfúrico no ácido fosfórico e o grau de neutralização do ácido com amoníaco (pH) na precipitação de magnésio, flúor e outros componentes na papa de anfetaminas, utilizando o método de modelação matemática do processo. Foi utilizado o método de planeamento matemático e de análise da experiência.

Como critério de otimização, escolhemos a alteração da quantidade de magnésio e flúor no precipitado. Os factores e as alterações nos seus níveis são obtidos da seguinte forma:

X1 - pH médio está entre 3-6, X_2 - a temperatura do processo é 80-100^0 C, X_3 - o conteúdo de MgO em ácido fosfórico é 1 -4%, X_4 - o conteúdo de SO_3 (ácido sulfúrico) em ácido fosfórico é 0-2%, X5 - quantidade de mingau de anfos Q + 50-200 ml, X_6 - tempo de centrifugação t = 1-10 min, X7 - velocidade de rotação do rotor p = 500-200 rpm.

Para a experiência, foi obtido ácido fosfórico extraível com a seguinte composição (em massa %): P3O5=21,0; CaO=0,8; MgO=1,0; SO3=2,2; F=1,7; R2O5M,5, etc.

A quantidade de magnésio no ácido foi feita adicionando-lhe MgO e a quantidade de SO3 foi feita precipitando-o com Ca(NO3)2.

A neutralização de soluções ácidas com amoníaco foi realizada num termóstato num balão de 3 bocas (com um agitador) a uma temperatura de 80-1000C para pH 3 e 6. Cada amostra foi repetida três vezes.

Os resultados da experiência foram processados no EHM e foi obtido um modelo como se segue:

Para o flúor na fase líquida:

У1= 0.43-0.22X1+0.007X2-0.67X3-0.06X4-0.073X5-0.07X6+0.27X7.

Critério de Fisher F=6,98.

E para o óxido de magnésio na fase líquida:

У2=0,74-0,253x1+0,102x2-0,552x3-0,421x4-0,033x5-0,055x6+0,46X7.

Critério de Fisher F=6,9

O critério de Fisher indica a adequação do modelo obtido.

A análise do modelo mostra que para reduzir a quantidade de flúor na fase líquida, ou seja, para aumentar o grau de desfluoretação da papa de amofos, é necessário aumentar a quantidade de SO_3 , o pH do meio, a espessura da camada e o tempo de filtração.

Para reduzir a quantidade de MgO na fase líquida, é necessário aumentar (aumentar) o pH do teor de SO_3 no ácido e o tempo de filtração da papa.

Assim, para a transferência óptima dos aditivos da papa de anfetaminas (suspensão) para a fase sólida, a diminuição da temperatura e a redução da rotação do rotor são consideradas as condições mais favoráveis, ou seja, é necessário arrefecer a papa e filtrá-la lentamente.

Em condições óptimas, recebemos 100 ml (128 g) de ácido fosfórico extraível com o seguinte conteúdo (conteúdo em massa %): P2O5=20,4; CaO=0,7; MgO=3; SO_3 =2,1; F=1,65; P2O5M,3 e assim por diante.

Neutralizámos este ácido com amoníaco gasoso a uma temperatura de 80^0 C até pH = 5,1.

Formou-se assim 133 g de papa de ammofos. Filtrámo-la numa centrífuga durante 10 minutos. A velocidade de rotação do rotor foi de 500 voltas/minuto (centrífuga de vidro de laboratório). A quantidade de fase sólida húmida foi de 29,3%.

A quantidade foi determinada por secagem da fase sólida. Ela representava 17% da quantidade total de mingau de amofos e tinha a seguinte composição, em massa%: P2O5com=43,2; P2O5app =36,2; P2O*. sol=24,5; MgO=7,8; SOs=2,3; F=7,8; CaO=3,8; P2O3=8,4; e outros.

A saída da fase líquida foi de 70,7% do peso do mingau de anfos e tinha a seguinte composição, em massa %: P2O5=18,7; CaO=0,32; MgO=0,15; SO_3 =1,8; F=0,19; P2O5=0,15; H2O =57,2 e assim por diante.

Secámos esta fase a uma temperatura de 1050C e obtivemos amofos purificados de alta qualidade. Composição em massa %: P O_{25com} =55,2; P O_{25app} =54,8; P O $^\wedge_{25sol}$ =53,4; N=12,2; MgO=0,44; SO3=0,91; P2O3=0,45; F=0,56; CaO=5,3; H2O =0,8 e assim por diante.

O amofos produzido à escala industrial contém 44,5-46,5% de P2O5 com, 4446% de P2O5app, 9-10% de azoto, aditivos não absorvíveis na quantidade de 11-13%, flúor agressivo agroquímico na quantidade de 2,5-3,52%.

O amofos purificado obtido da fase líquida por separação da papa de amofos contém 1,2-1,25 vezes mais fósforo e azoto do que o amofos, 2,42,5% de aditivos, incluindo 0,5-0,6% de flúor.

É possível aumentar a qualidade do amofos através do processo de filtragem da papa de amofos com uma centrífuga.

Se a filtração for efectuada por lavagem da fase sólida, 70% dos compostos de fósforo são lavados e adicionados à fase líquida. A fase sólida seca é apenas de cerca de 7%.

§ 3.2 Interação química de oligoelementos-bioestimulantes com ammofos

A utilização de fertilizantes minerais juntamente com vários oligoelementos e substâncias fisiologicamente activas é um dos métodos agroquímicos e economicamente eficazes.

Na produção de amofos, adicionando sal de sulfato de cobre, zinco, cobalto e outros sais de microelementos (em alguns casos, resíduos industriais) à papa de amofos, verificou-se que a sua composição permanece quimicamente inalterada quando é seca e granulada.

A utilização prática destes fertilizantes complexos na agricultura tem sido altamente eficaz, a taxa de assimilação de azoto, fósforo e potássio pelas plantas tem aumentado e a produtividade tem aumentado.

A estrutura e o estado físico-químico do solo determinam as suas trocas de ar, de água, a migração de sais e a erosão por irrigação. Uma vez que os solos cinzentos e estéreis são naturalmente pouco estruturados, o fluxo de água é fraco e formam torrões. Como resultado, a germinação das plantas e a absorção de nutrientes minerais pela planta deterioram-se. As situações negativas podem ser eliminadas com a ajuda de substâncias que restauram a estrutura do solo (polímero solúvel em água, etc.).

No entanto, devido ao facto de as substâncias restauradoras da estrutura serem aplicadas ao solo em pequenas quantidades, os métodos para as aplicar ao solo não foram desenvolvidos. Por conseguinte, é necessário administrá-las ao solo como fertilizante ou desenvolver outro método.

Para este efeito, estudámos a interação química da substância biologicamente ativa naftenato de cobre $(R\text{-}COO)_2Cu$ e do melhorador da estrutura do solo PVS-álcool polivinílico com amofos.

PVS-polyvinyl alcohol-(-CN2-CN-)n melhora a condição da estrutura do solo.

OH é conhecido. Melhora a capacidade de filtragem do solo e aumenta a quantidade de agregados resistentes à água de 5-6% para 60-65%. Além disso, aumenta a fixação de fertilizantes minerais no solo e reduz a lavagem com água.

Verificou-se que a adição de substâncias de crescimento à base de óleo (NRV-NUM) ao solo tem um efeito positivo no processo de absorção de nutrientes no solo, na ordem de troca de azoto-fósforo e no desenvolvimento do algodão.

Estudámos a interação química do PVS e do naftenato de cobre com o amofos utilizando métodos de análise de fase de raios X e de espetroscopia de infravermelhos.

A análise de fase de raios X foi obtida num difratómetro DRON-0.5 (ânodo de cobre-Cu*An5 mga) e os espectros de infravermelhos foram obtidos num IR-20 e comparados com os padrões.

Recolhemos as drogas do fosforito de Karatog durante o estudo da sua interação com o amofos. Obtivemos o seguinte ácido de extração: P_2O_5=22,7; MgO=1,6; F=1,80; CaO=0,46; Al_2O_3=0,38; Fe_2O_3=0,45; SO_3=3,2g/100ml, sólidos=1,2; gravidade específica=1,273 g/cm^3 . Neutralizámo-la com amoníaco até pH =4,5 e filtrámo-la. Como resultado, 80-90% de todos os aditivos precipitam, e principalmente o fosfato de mono e diamónio permanecem na fase líquida. Secámos a fase líquida e realizámos uma análise de fase de raios X. Nela, os comprimentos de onda de meia-desintegração são os seguintes: d=5,35; 5,24; 3,48; 3,06; 2,62; 2,34; 1,995; 1,670; 1,591; 1,465; 1,363; 1.323 A (fosfato de monamónio) e parcialmente d=5.69; 6.50; 4.07; 3.17; 2.76; 2.50; 2.39; 1.934 A (fosfato de diamónio). A matéria seca contém 1.32% N e 52.9% P_2O_5.

Para estudar o processo de interação química, misturámos a fase líquida da preparação de PVS e anfos na proporção de 1:1 em peso (com base na matéria seca) e secámo-la por evaporação (até peso constante a T=95OC). A linha de distância interfacial mostrada no difractograma da mistura é d=4,49; 2,19; e 2,15 A pertencem ao PVS.

Observa-se que alguns máximos de difração da distância interfacial se sobrepõem: d=3,70; 2,45; e 2,03 A são fundidos com valores semelhantes de fosfato monoamónico. Outros valores são para o fosfato mono e diamónico. Isto indica que não existe qualquer reação química entre o PVS e o amofos.

Nas condições experimentais, ocorre uma reação química entre o naftenato de cobre e a solução de amofos, formando-se o sal de fosfato de cobre CuHPO4 e o naftenato de amónio. No difractograma da mistura, os valores da distância interfacial correspondentes ao sal de naftenato de cobre desaparecem e aparecem os valores correspondentes ao CuHPO4*N2O. Estes d=9,71; 8,02; 5,12; 2,75; 2,46; 2,14; 1,693; 1,514 A. d=3,65; 1,585; 1,458; e 1,316 A pertencem tanto ao fosfato de cobre como ao fosfato de amónio e amónio. Os restantes pertencem ao fosfato de monoamónio. As linhas de distância interfacial do fosfato de diamónio desaparecem.

Para determinar a formação de naftenato de amónio, realizámos várias experiências diferentes. Dissolvemos o naftenato de cobre em ácido fosfórico e isolámos o ácido nafténico (num funil de separação). O ácido nafténico na camada superior e a solução de fosfato de cobre na camada inferior. Neutralizámos o ácido nafténico com amoníaco e dissolvemos o produto numa mistura de éter de petróleo + metiletilcetona (proporção 1:1) e purificámo-lo. Neste caso, o naftenato de amónio passa para a parte inferior da metil-etil-petona da mistura. O ácido não reagido e vários aditivos permanecem na camada superior. Após a separação destas camadas e a evaporação do solvente, resta o naftenato de amónio seco. A análise química efectuada revelou que o produto continha 6,5% de amoníaco e 93,5% de ácido nafténico. Este nafteno de amónio teórico contém 7,02% de amoníaco e 92,98% de ácido nafténico.

Por conseguinte, esta evidência sugere que o fosfato de cobre e o naftenato de amónio são formados pela seguinte reação: H2O

$$(NH_4)_2 HPO_4 + Cu (R\text{-}COO)_2 > CuHPO_4 * H_2O + 2 (R\text{-}COONH_4)$$

O naftenato de amónio é uma substância amorfa de raios X e solúvel em água Cu (R-COO)2+ammofos+PVS-sistema alternativo, a reação química ocorre apenas entre o naftenato de cobre e o ammofos, não ocorrendo tal processo entre outros 74 componentes. Este processo não afecta negativamente a qualidade do adubo complexo obtido e, devido a este processo, forma-se um estimulante biológico que afecta positivamente o crescimento e o desenvolvimento da planta, que é bem solúvel em água. Assim, em termos de produção de fertilizantes, é possível produzir fertilizantes combinados de azoto-fósforo contendo estimulantes biológicos e melhoradores da estrutura do solo.

Estes aditivos activos melhoram as propriedades físico-mecânicas e físico-químicas do adubo. Podem também ser adicionados como uma mistura mecânica.

Desenvolvemos um método de distribuição uniforme de macro e microfertilizantes no solo. Neste método, a linha de sementes é semeada numa concha com composições de componentes.

§ 3.3 Preparação de fertilizantes complexos na exploração agrícola

É possível reduzir os custos de energia (combustível, eletricidade, etc.), maquinaria e mão de obra utilizados para secar e granular o amofos na produção de amofos, e a produção de fertilizante líquido que é bem absorvido pelas plantas agrícolas pode ser organizada em explorações colectivas.

Neste caso, basta trazer as papas de anfetaminas da empresa e filtrá-las nas quintas.

O fertilizante líquido pode ser adicionado à água em determinadas quantidades através da instalação de recipientes especiais nos sistemas de irrigação.

Um dos aspectos mais eficazes deste método é que elimina a necessidade de aplicar fertilizantes nos campos de cultivo utilizando tractores e máquinas. O esmagamento do solo sob a influência da maquinaria é reduzido. Os custos também são reduzidos e obtém-se uma maior eficiência económica (apresentada como eficiência económica).

A fase sólida das papas de amofos pode ser utilizada como fertilizante de magnésio em salinas e pântanos, especialmente na cultura do arroz.

Para o efeito, são instalados nas explorações os mais fáceis coadores de yuli, a partir dos quais se coam as papas de anfos, sendo a fase líquida enviada para os campos de algodão e a fase sólida para as sholipoyas. Caso contrário, as fases são separadas com recurso a uma centrifugadora, a fase sólida é lavada com água (na própria centrifugadora) e ambas as fases realizam a tarefa acima referida.

Nestas condições, uma pequena quantidade de sais de micronutrientes pode ser adicionada à fase líquida. Assim, o problema da distribuição uniforme de micronutrientes numa pequena quantidade (100-300 g/ha) nas áreas cultivadas também é resolvido.

Ao preparar misturas complexas, ou seja, soluções de amphos, nitrato de amónio, fertilizantes de ureia, adicionando-lhes sais de cobre, cobalto, manganês, zinco e outros macroelementos, podem ser preparadas e utilizadas na prática composições de macro e microfertilizantes que têm um efeito complexo em vários tipos de plantas.

Um mecanismo para aplicar fertilizante líquido no solo também pode ser facilmente preparado. Será ainda mais conveniente se os fertilizantes líquidos forem preparados nas instalações de produção. Neste caso, é alcançada uma elevada eficiência económica. Sua implementação não é cara para fazendas próximas à empresa.

Por exemplo, é possível preparar um dispositivo que prepara fertilizantes complexos em condições agrícolas.

A instalação será composta por um clarificador de 10-20m3 instalado num cavalete e um tanque complexo de preparação de fertilizantes. Se o chorume de anfos for entregue pela fábrica, é vertido num coador (ou pode ser utilizada uma centrífuga de filtragem e o coador é utilizado como um tanque de armazenamento de líquido).

Um misturador de pás electromotorizado de rotação lenta funciona no refrigerador.

O líquido do refrigerador cai no carrinho do trator. A fase líquida vai para a preparação do adubo complexo (que também tem um misturador de ventilador com motor elétrico). Uma certa quantidade (0,3% em relação à quantidade de adubo) de sais de microelementos (cobre, zinco, cobalto, manganês, etc.) é colocada neste contentor. A mistura é misturada e enviada para o campo de cultivo num camião (ou trator) cisterna. Aí, é vertida para um tanque em forma de cilindro feito de tubo de betão armado (o volume é de 5 m^3 e esta quantidade atinge 5 hectares durante cada fertilização). Na parte inferior do reservatório, há um funil, e a flecha é despejada na água do córrego.

Os fertilizantes na água são distribuídos para as valas através da vala de seta. Como resultado, tanto a rega como a fertilização ocorrem simultaneamente. Preparação de fertilizantes complexos Os fertilizantes complexos líquidos complexos podem ser preparados colocando qualquer fertilizante (amofos, nitrato de amónio, ureia, sulfato de amónio, etc.) e microelementos no recipiente, como resultado, não haverá problema em usar mecanismos de trator para fertilizar o algodão.

Se os especialistas preferirem aplicar estes fertilizantes líquidos debaixo do solo, para isso, o fertilizante líquido é vertido em recipientes de 2001 (2) montados no trator e transportado através de mangueiras para a parte de trás do cultivador. Este tem um tubo especial que permite pulverizar o fertilizante líquido a uma profundidade de 10-25 m.

IV. AUMENTAR O RENDIMENTO DO ALGODÃO E TORNÁ-LO RESISTENTE ÀS DOENÇAS, SEMEANDO AS SEMENTES COM ÁGUA ELECTROQUIMICAMENTE ACTIVADA ANTES DA PLANTAÇÃO E COBRINDO-AS COM MACRO E MICRO FERTILIZANTES

§ 4.1. Informações sobre as doenças do algodão

O território do Uzbequistão é um paraíso e a introdução de tecnologias respeitadoras do ambiente na agricultura é uma tarefa urgente atualmente.

Qualquer atividade ou substância química nociva que prejudique a saúde humana, bem como toda a flora e fauna naturais, perturba o equilíbrio ecológico, quer implícita (lentamente), quer abertamente (rapidamente). O progresso científico e técnico, a par da obtenção de muitos resultados positivos para a vida do homem e para a sua necessidade de viver, tem problemas que têm um impacto negativo na sua vida.

Este problema reflecte-se em investigações científicas e trabalhos práticos com o objetivo de desenvolvimento agrícola, ou seja, a utilização produtiva da terra e o aumento da produtividade das plantas agrícolas.

Antes da plantação, para combater as doenças das plantas, as sementes são tratadas com produtos químicos tóxicos. Estes medicamentos têm um efeito negativo nos organismos vivos e são dispendiosos.

Por exemplo, entre as doenças do algodão, são conhecidas a podridão radicular, a gomose e a murchidão. Nas doenças da podridão radicular, o algodão é afetado desde a primeira germinação até ao período de 3-4 folhas. Esta doença é causada por um fungo de ressonância, e a área afetada racha e a planta murcha. A doença de Gommoz é uma doença bacteriana que afecta o algodão desde a germinação até ao fim da estação de crescimento. Perde-se 4-9% da colheita quando a semente e a casca são danificadas, e 18-62% (por vezes completamente) quando o caule é danificado. Se a doença passar para o ponto de crescimento, este secará. As bactérias da gomose são transmitidas pelas sementes ou pelas raízes infectadas não podres deixadas no campo [13].

A doença da murchidão é causada por fungos de verticilose e fusarium (em fibras finas) e passa através da raiz (sobrevive no estado de microesclerose em resíduos de plantas). Esta doença começa no período de brotamento e floração do algodão e prolonga-se até ao fim da estação de crescimento. Na primeira quinzena de junho, uma planta infetada perde 75-80% do seu rendimento[13]. Contra a podridão radicular e a gomose, as sementes são tratadas com TMTD, TIGAM, Fentiuram ou Bronotok e outras substâncias. As áreas onde o algodão é armazenado são desinfectadas com formalina a 2%. Contra a doença da murchidão, as sementes são tratadas com fundazol ou drazol e, durante a estação de crescimento, são pulverizados fungicidas sistémicos fundazol, derazol, soluções de suspensões KMAX e soluções de carbamida a 1,5%. Antes da lavoura de outono, aplica-se nos campos pentaxlar-nitrobenzeno (PXNB) 150 kg/ha ou arylon 100 kg/ha. Existem muitos tipos de toxinas, que são substituídas ao longo dos anos.

De acordo com os peritos, está provado que quando o pó de cobalto é utilizado juntamente com o amofos, a incidência da doença da murchidão do algodão é 2-3 vezes inferior e o rendimento do algodão aumenta até certo ponto.

§ 4.2. Comparação experimental de tecnologias de sementeira de sementes peludas em água electroquimicamente activada, água alcalina e descasque com fertilizantes minerais

Realizámos alguns trabalhos de investigação científica na cultura do algodão [74,75,76,77]. O nosso objetivo é eliminar o tratamento pré-plantação de sementes com produtos químicos tóxicos que são prejudiciais aos organismos vivos, implementar a plantação de precisão e aumentar o desenvolvimento e a produtividade do algodão.

O objetivo inicial era plantar as sementes com precisão e cobri-las com fertilizantes minerais. Porque os nossos cientistas experimentaram métodos de revestimento de sementes com estrume, polímero e outras substâncias para uma plantação precisa, e estes métodos não se tornaram populares devido à falta de condições mais favoráveis para a sua utilização prática.

Desde 1985, temos testado a tecnologia de semear sementes embebendo-as em água electroquimicamente activada (2-3 horas) em condições de campo [21,22,23,24]. Como resultado, a germinação, o desenvolvimento e a produtividade das sementes quando as sementes são plantadas em água com um meio indicador de hidrogénio de pN=9-10 durante 2-3 horas, o método atual, ou seja, são tratadas com produtos químicos tóxicos contra doenças de plantas (fenthiuram, bronotak, etc.) e antes de serem plantadas 18 - Verificámos que as sementes que foram descongeladas durante 24 horas têm maior crescimento, desenvolvimento e produtividade.

Desde os primeiros períodos de independência, testámos as tecnologias de sementeira de sementes em condições de campo, congelando-as em água electroquimicamente activada, água alcalina (água de amoníaco) e revestindo-as com fertilizantes minerais e uma mistura de micronutrientes e fertilizantes minerais. Vamos dar alguns exemplos das experiências realizadas. Neste caso, descreve-se a variedade da semente, as condições climáticas, o tratamento da semente e as medidas agrotécnicas. A esfoliação é efectuada num batedor de betão e, posteriormente, numa unidade de produção

Em 1988, as nossas experiências com a variedade de algodão de fibras finas (na terceira brigada da antiga quinta colectiva "Sverdlov", distrito de Namangan, em condições de solo arenoso e pedregoso) foram realizadas com sementes sem pelo e tratadas.

De acordo com o método atual (a primeira opção), as sementes foram arrefecidas durante 2 horas. Na opção 2 e na opção 3, as sementes foram embebidas durante 2 horas em água electroquimicamente activada com rN médio=8 e rN=9, e na opção 4, as sementes foram revestidas com fertilizantes minerais - amofos e nitrato de amónio.

Nas opções 1, 2 e 3, juntamente com a plantação, foram aplicados 120 kg de amofos por hectare. Os fertilizantes minerais representaram 21,3% do peso total das sementes com casca.

As mudas foram semeadas em 18 de abril de 1988 em quatro repetições do método ex-SOYUZNIXI, com quatro ágatas (de 0,096 ha) em cada repetição a 0,394 kg/ha. (no esquema 60*30*2).
Seis dias após a plantação (24.04.88), as plântulas brotaram em 4-5 ninhos na primeira e terceira variantes, e em média em 1 -3 e 1 -2 ninhos na segunda e quarta variantes, com um intervalo de dois metros. Nas quartas variantes, os rebentos foram poucos e, em algumas ágatas, os rebentos não brotaram de todo. 12 dias após a sementeira, foi borrifada água nas ágatas de todas as variantes. Como resultado, os rebentos brotaram na segunda e quarta opções, e após 3 dias, eram iguais ao número de rebentos na primeira e terceira opções, e os rebentos brotaram em 6-8 ninhos (a uma distância de 2 metros) de todas as opções (3.05.1988y).
As últimas estimativas da Yagana indicam que o número de plântulas por hectare é de 129 000 na primeira opção, 118 000 na segunda opção, 116 000 na terceira opção e 126 000 na quarta opção. Na primeira e na quarta variantes, a germinação bruta e o desenvolvimento das plântulas revelaram ser mais homogéneos (mais cheios).
O crescimento da planta após um mês foi de 4-7 cm (o maior 8-9 cm) na primeira opção, e 6-8 cm (o maior 10-11 cm) na segunda, terceira e quarta opções. Em 1 de julho de 1988, a altura do algodão aumentou para 37,4-41,6 cm. As laterais estavam entre 4,4-5,4, os elementos de rendimento estavam em cada arbusto: os favos eram 5,1-6,6, e as flores estavam entre 0,7-1,4. O desenvolvimento e a frutificação são visíveis em julho-agosto, com 8,3 e 8,5 elementos de cultura no fundo (primeira opção) e na quarta opção (descascada) a 9 de agosto, até ao fim de agosto (30 de agosto). O aumento dos elementos de rendimento na primeira, segunda e terceira variantes foi insignificante, e na quarta variante de algodão, os elementos de rendimento aumentaram mais 10% (de 8,5 para 9,4). A colheita começou 5,5 meses após a plantação (1.10.1988) e foi concluída com a quarta colheita dentro de 1,5 meses (15.11.1988). Assim, o rendimento é de 5,7-4,0 e 5,5 ts quando as sementes são semeadas em água electroquimicamente activada (pN 8-9) e quando são semeadas em casca com adubos minerais. aumentou de 7,7-7,5 e 5,3 ts na média de 110 plântulas. Isso é mostrado na Tabela 4.1

Rendimento da variedade de algodão de fibra fina

Tabela 4.1.

O p	O n h	1 - m	2 - m	3 - m	4 - d	R e n d	
1	129.2	13.12	7.3	4.17	4.0	28.54	-
2	118.8	15.31	8.54	6.25	5.2	34.27	5.73
3	116.7	13.61	7.6	6.04	6.35	32.60	4.06
4	126.7	15.75	8.74	4.17	5.42	34.06	5.52

Assim, antes de plantar as sementes, congelá-las em água electroquimicamente activada ou revesti-las com fertilizantes minerais tem um efeito positivo no crescimento e desenvolvimento do algodão, aumentando a produtividade.
O objetivo seguinte era deixar de tratar as sementes com pesticidas. Tentámos semear sementes sem tratamento contra doenças das plantas. Em 1989, na antiga quinta

colectiva "Kalinin" no distrito de Torakurgan da região de Namangan, as sementes de algodão da variedade S- 6524 sem pelo (no sistema 60*30*2) foram cultivadas no método atual (o fundo é a primeira opção), em água activada electroquimicamente (a segunda opção), em água com amoníaco (a terceira opção), 12 horas numa solução aquosa de NaKMTs (quarta opção) e amofos+nitrato de amónio (P O_{25} : N=1:1 e 0.3% de sulfato de cobre) dissolvido numa solução aquosa de NaKMTS a 1%, descascar a semente e secá-la (peso da casca 33,8) e plantar. Junto com o plantio da primeira, segunda, terceira e quarta opções, foram dados 120 kg de amofos por hectare, e na quinta opção, o tupros não foi adubado (a área total foi dividida em 1,08, e as opções foram plantadas em 3 repetições). Além disso, em outros 5 hectares foram plantadas apenas sementes revestidas com fertilizantes minerais e miroelementos. Depois da semente ter sido plantada, choveu muito e a superfície da terra ficou húmida. Logo o broto germinou. 20 dias após a sementeira (15 de abril de 1989) (4 de maio) brotaram 9-16 plântulas a intervalos de 2 m nas opções, e após 1 mês (15.05.1989y) o número de plântulas atingiu 15-19. Após a yagana, 77-82 plântulas foram deixadas em intervalos de 10 m nas opções. A altura da planta em 26 de junho era em média 17-21 cm, e a segunda e quinta variantes eram mais altas e os reis eram mais de um em comparação com as outras variantes. A 17 de julho, as cápsulas tinham 60-70 cm de altura, e os reis laterais eram cerca de mais 2 e 29-38% mais elementos de rendimento em comparação com as cápsulas da variante background-1 (método atual) na segunda e quinta opções. Neste caso, em cada variante, foram consideradas 4 de 4 ágatas a 10 m de distância de 2 ágatas em média.

A 13 de setembro de 1989, o número de cápsulas na segunda e quinta opções era 2-3 superior ao método atual (Quadro 4.1). A colheita do algodão começou a 15 de setembro. A produtividade é quase a mesma (32,3 e 31,5 t/ha) na primeira (fundo) e quarta opções, 35,2 t/ha na terceira opção, e a mais alta na segunda e quinta opções (40,4 e 39,6 t/ha). ha) e a produtividade aumentou em 8,1-7,3 toneladas/ha (Tabela 4.2). Assim, chegamos à conclusão de que semear as sementes com água amoníaca (rN=10) pode matar uma certa quantidade de fungos que espalham doenças e aumentar o vigor e a produtividade do algodão devido ao facto de ser nutritivo para a planta.

Na água de amoníaco, os iões amónio e hidroxilo carregados estão em equilíbrio mútuo e podem ser activados agindo como nutrientes no endosporo durante a germinação das sementes e têm um efeito negativo nos fungos nocivos.

Na água activada electroquimicamente, não só os iões hidroxilo, mas também o sulfato, fosfato, nitrato, bicarbonato e outros aniões (água de corrente electrolisada) são isolados, ou seja, quase sem catiões, estes iões negativos nocivos destroem os fungos nocivos e têm um efeito muito ativo e positivo no endosporo da semente (se a semente for embebida durante mais de 4 horas em água de pH 9-10, congelará) como bioestimulante ou participará na sua síntese (porque os cloretos na folha de algodão aumentaram 15-20%), (se a semente for embebida durante mais de 4 horas em água a pH 9-10, congela) como bioestimulante ou participam na sua síntese (porque os cloretos na folha de algodão aumentaram 15-20%), e como resultado, acreditamos que a planta se desenvolverá vigorosamente sem adoecer, e a sua produtividade aumentará. É necessário estudar estes processos a nível molecular.

Mesmo quando as sementes são cobertas com substâncias minerais, os fungos nocivos são destruídos, como resultado da absorção, os íons passam para o núcleo da semente, são nutridos desde o momento da germinação, o broto se desenvolve rapidamente e se torna saudável devido à nutrição eficaz dos nutrientes ao redor das fibras da raiz (o sistema radicular é rico e fibroso), mesmo durante a estação de crescimento, doenças e outras doenças são evitadas. concluiu-se que, devido à sua resistência a insetos, a cultura amadurece rapidamente e aumenta a produtividade. Os fosfatos não sofrem retrogradação, o amónio e os nitratos não sofrem desnitrificação.

As sementes semeadas com casca numa grande área (5 hectares) também germinaram bem, desenvolveram-se bem e o rendimento aumentou em 5,8 centavos em comparação com as áreas semeadas com o método atual (34,2 t/ha no fundo e 40,0 t/ha na versão experimental).

Rendimento do algodão (S-6524) em variantes experimentais.

Quadro 4.2

Opções	O número de forças em 1 hectare	Produtividade ts/ha						
		1- marcação ts/ga	2- marcação ts/ga	3- marcação ц/ra	4-dial ц/ra	5-dial ц/ra	A produtividade total é ts/ha	Rendimento adicional ts/ha
1	86600	6.7	7.2	8.1	6.4	3.9	32.3	-
2	89900	8.9	8.8	8.9	7.8	6.0	40.4	8.1
3	91000	7.0	7.6	8.2	6.7	5.7	35.2	2.9
4	89900	6.9	7.1	7.1	6.4	4.0	31.5	-
5	85500	8.3	8.7	9.4	7.7	5.5	39.6	7.3

Nas variantes actuais, o rendimento era baixo devido a doenças das plantas e, em certa medida, devido à menor vida das plantas. As experiências seguintes foram realizadas com sementes peludas S-6524 na 8ª brigada da antiga quinta estatal "Ilich" no distrito de Yangikurgan. Neste caso, o número de opções é 3, a primeira opção (fundo) foi tratada contra doenças e arrefecida durante 18 horas antes da plantação. Aquando da plantação, foi administrado amofos à razão de 120 kg por hectare. A segunda opção era uma semente peluda, não tratada, revestida com anfos + nitrato de amónio (P_2O_5:N=1:1) (peso da casca 31,2%) e não foi aplicado qualquer fertilizante na plantação. A terceira opção é a semente peluda não medicada revestida com amofos + nitrato de amónio (2%) + sal de sulfato de cobre (0,5%) (relação P_2O_5:N:Ci =4:1:0,05). Não foi aplicado fertilizante durante a plantação.

Começámos a plantar a 6 de maio de 1990 num esquema de 50*30. As sementes foram semeadas em 10 hectares, dos quais 1 hectare foi plantado com quatro linhas de quatro repetições de acordo com três opções, 2,5 hectares foram cobertos apenas com macro e microfertilizantes e 6,5 hectares foram cobertos com sementes peludas, medicadas e congeladas por 18 horas.

Outras medidas agrotécnicas foram levadas a cabo da mesma forma. Depois de Yagana, o número de plantas por hectare era quase igual. À semelhança das nossas experiências anteriores, as plantas eram menos susceptíveis a doenças, desenvolveram-se melhor e o rendimento aumentou. Nos campos plantados com sementes sem casca, a colheita foi atrasada 7-8 dias, e o rendimento foi 4,1 e 5,5 centavos mais elevado na segunda e terceira opções, em comparação com o método atual (fundo) (Quadro 4.3).

Aumento do rendimento na sementeira de sementes com macro e micro fertilizantes.

Quadro 4.3

Opções	O número de mudas, mil peças/ha	Produtividade, ts / ha	Cultura adicional	
			ts / ha	%
Opção 1 (fundo)	98,0	25,0	-	-
Opção 2	101,0	29,1	4,1	16,4
Opção 3	101,0	30,5	5,5	22,0
2,5 hectares de terreno	98,0	31,0	5,6	22,0
6,5 hectares de terreno	99,0	25,4	-	-

Em grandes áreas, o algodão desenvolveu-se bem e, em comparação com o método atual (de fundo), o rendimento aumentou em 5,6 centavos nas opções em que as sementes foram revestidas com macro e micro fertilizantes.

Assim, se houver macrofertilizantes e microfertilizantes na casca, o rendimento aumenta em 5,5%. Experimentos realizados em 30 hectares em 1993 e 5 hectares em 1994 na antiga fazenda coletiva "Komsomol" na aldeia United do distrito de Uychi também mostraram que o rendimento ao semear sementes com macro e microfertilizantes (P2O5: N = 4: 1 + 0,3% Cи SO4 * 5H2O) foi 5 mostrou um aumento de -7 centavos.

Mesmo quando as sementes são cobertas com substâncias minerais, os fungos nocivos são destruídos, como resultado da absorção, os iões passam para o núcleo da semente, são nutridos a partir do momento da germinação, o rebento desenvolve-se rapidamente e torna-se saudável devido à nutrição eficaz dos nutrientes em torno das fibras da raiz (o sistema radicular é rico e fibroso) mesmo durante a estação de crescimento, as doenças e outras doenças são evitadas. concluiu-se que, devido à sua resistência aos insectos, a cultura amadurece rapidamente e aumenta a produtividade.

V. RESULTADOS DAS EXPERIÊNCIAS EFECTUADAS NA PLANTAÇÃO DE SEMENTES COM COMPOSIÇÕES DE MACRO E MICRO FERTILIZANTES

§ 5.1. Experiências efectuadas em composições macro e microfertilizantes de sementes

Com base na experiência prática de semeadura de sementes com composições de macro e microfertilizantes (em 1985, 1988, 1989 distritos da região de Namangan), nós (1992, 1993, 1994) na fazenda coletiva do distrito de Namangan "Izhodov" sementes de algodão da variedade peluda S- 6524 (60 * 30 * 2 no esquema) de acordo com o método atual (a primeira opção com sementes tratadas), aquecidas com água electroquimicamente activada (pH=10) (segunda opção), revestidas com amofos (terceira opção), amofos+CuSO4*5H2O (quarta opção), superammofos-K (quinta opção) e superammofos-K+CuSO4*5H2O (sexta opção).

O quadro 5.1 abaixo mostra o nível de fornecimento de fósforo e potássio dos campos cultivados em que realizámos uma experiência (1992-1993-1994, quinta colectiva "Izhytov").

Nível de fornecimento de fósforo e potássio nos campos cultivados na quinta colectiva "Idzhytov" (com base no cartograma).

Quadro 5.1

№	O nível de fósforo e potássio no solo	Hummus %	Quantidade no solo, mg/kg			
			Fósforo P2O5	ha %	Potássio K2O	ha %
1	Muito pouco	0-0,40	0,15	0-100 101/11	0-100	13/1,4
2	Poucos	0,41-0,80	16-30	505/55,6	101-200	575/63,4
3	Média	0,81-1,20	31-45	295/32,5	201-300	313/34,4
4	O suficiente	1,21-1,60	46-60	8/0,8	301-400	8/0,8

Foi selecionada uma área total de 1 ha para as experiências e as opções foram plantadas em quatro réplicas em quatro linhas. Após o plantio, todas as opções foram levemente regadas. Em nossos experimentos realizados em 19.10.1992, nas inspeções em 01.05.1992, quando foi verificada a germinação de plântulas de algodão (em três ágatas com base em três repetições), na primeira opção (semente medicada), dez sementes foram coletadas em um intervalo de 2 metros, na segunda opção (água eletroquimicamente ativada pH =10) 11, 9 unidades de 3 na terceira opção (revestida com amofos), 14.3 unidades na quarta opção (revestido com amofos+CuSO4*5H2O), 12,0 unidades na quinta opção (revestido com superamofos-K), sexta opção (superamofos +CuSO4*5H2O), 11 plântulas germinaram. Nas inspecções efectuadas em 1993 (1.05.1993), a produtividade foi de 16,6 unidades na primeira opção, 11,6 unidades na segunda opção, 9,6 unidades na terceira opção, 14,3 unidades na quarta opção, 13,6 unidades na quinta opção e 12,6 unidades na sexta opção. Em 1994, de acordo com o procedimento (1.05.1994), foram observadas 16 mudas de algodão na primeira opção, 9,6 na segunda opção, 16,6 na terceira opção, 12,6 na quarta opção, 15 na quinta opção e 12 na sexta opção.

A germinação das plântulas de algodão foi contada de cinco em cinco dias em todas as observações (1992, 1993, 1994).

O estudo do efeito do descasque de sementes na germinação de plântulas de algodão, em comparação com a primeira opção (fundo), na terceira e quinta opções (ou seja, amofos e superamofos-K fertilizante com descasque), na quarta e sexta opções ($CuSO_4*5H_2O$), o último primeiro a partir do plantio nas opções com oligoelementos adicionados nas observações (5 de maio de 1992, 1993, 1994) não houve muita diferença. Mas após os últimos dez dias, um efeito positivo foi claramente sentido nas observações.

Em 1992, após o plantio das sementes, o clima foi favorável e os brotos germinaram uniformemente. Após a yagana, em média, 98,2 plântulas permaneceram na primeira opção, 80,8 na segunda opção, 85,9 na terceira opção, 94,8 na quarta opção, 82,0 na quinta opção e 82,4 na sexta opção. Em 1993-1994, após a yagana, 78,894,2 e 76,6-85,8 plântulas de algodão foram desenvolvidas a uma distância de 10 m, respetivamente.

A altura do algodão nas observações de experiências em 1992 (primeira opção) no fundo em 25.06.1992 foi em média 16,20 cm, o número de reis laterais foi 1,8 pcs. e o número de pentes foi 1,02 pcs.) tratados com a segunda variante 87 e amofos (terceira variante), superamofos-K (quinta variante) tratados com sementes sem casca sem micronutrientes em cada arbusto de algodão no campo plantado com 1-1,2 peças de reis laterais mais do que o método atual e mais elementos de rendimento. Em particular, o efeito positivo e dramático sobre os elementos da cultura, o crescimento e o desenvolvimento do algodão foi observado nos campos plantados com água electroquimicamente activada (a segunda opção), revestidos com amofos+$CuSO_4*5H_2O$ (a quarta opção) e revestidos com superamofos-K+$CuSO_4*5H_2O$ (a sexta opção). foi evidente.

Nas experiências realizadas em 1993-1994, em comparação com o método atual, observou-se que a altura do algodão, o número de reis laterais e o número de elementos de cultura eram maiores. Os resultados da experiência são apresentados nos quadros.

Quando se observaram as alterações dos elementos da cultura nas experiências de agosto e setembro, em comparação com o método atual (primeira opção), em todas as restantes opções, em particular, quando se utilizou água electroquimicamente activada (segunda opção) e amofos e superamofos descascados com adição de oligoelementos ($CuSO_4*5H_2O$) na quarta e sexta opções, observou-se que o número de flores é superior ao da primeira opção do método atual.

A colheita nas experiências foi concluída em 1992 com a quinta colheita. Em comparação com o método atual (a primeira opção), o rendimento do algodão na terceira e quinta opções foi de 1,8-2,0 toneladas/ha, respetivamente. Na segunda opção, 6 ts/ha, na quarta opção 5 ts/ha, e na quinta opção, este indicador foi superior a 5,6 ts/ha, respetivamente. Nas experiências realizadas em 1993-1994, em comparação com o método atual, o rendimento do algodão foi superior em 2,6-2,5 t/ha (1993) e 2,3-2,5 t/ha (1994) na terceira e quinta opções. Em 1993, 7,2 t/ha na segunda opção, 6,7 t/ha na quarta opção e 7,1 t/ha na sexta opção, e em 1994, 6,8 t/ha na segunda opção, 5,9 t na quarta opção. /ha e na sexta opção, respetivamente, foi observado um rendimento de algodão de 6,3 t/ha superior ao do método atual.

A implementação da tecnologia de descasque de sementes com macro e micro fertilizantes foi discutida na conferência da Região Agrícola de Namangan 88 A Associação Industrial foi organizada em 23 de dezembro de 1995 em Chust, tendo sido decidido implementá-la no distrito de Kosonsoy. A implementação foi indicada na decisão do governador da região nº 03/60 de 9.03.1996. Com a ajuda do departamento "Pakhtasanoatsotish" da região de Namangan, foi criada uma oficina no ponto de algodão de Quqimboy. Devido ao curto período de tempo, foram produzidas 40 toneladas de sementes sem casca (metade foi plantada, o resto foi guardado para o ano seguinte). As sementes eram da variedade Namangan-77 e não eram peludas.

Embora fosse recomendado iniciar a plantação a 10 de abril, apesar do tempo frio e chuvoso, muitas explorações começaram a plantar a 24 de março (distribuímos sementes a 6 explorações). Nessa altura, a humidade do solo não era suficiente e a temperatura do solo era apenas de 2-3^0 C. Após o plantio, a temperatura cairá novamente, alternando com chuvas fortes. Devido a este facto, a germinação das sementes não foi notada. As explorações tratadas com o método térmico bronatak e descascadas (as sementes descascadas foram plantadas em 153 hectares, dos quais 15% foram salvos).

Mas passados alguns dias, quando os rebentos começaram a germinar, as sementes sem casca também germinaram umas a seguir às outras, e então as sementes semeadas desenvolveram-se melhor do que o algodão. E os empreiteiros não replantaram e obtiveram uma boa colheita. Nos campos de algodão salvos da replantação com campanha e plantados depois de 10 de abril (11-13 de abril), seleccionámos seis hectares para inspeção na terceira brigada da quinta colectiva de Dekhkonabad (as sementes foram plantadas a 13 de abril). 2%)+sulfato de cobre =P_2O_5:N:Cu = 4:1:0.05) o peso da casca era de 26-27% do peso total, o teor de humidade total era de 9%.

Depois de a semente ter sido plantada, voltou a chover. A semente germinou em 9 dias. Passada mais uma semana, as ágatas foram regadas. Verificou-se que havia mais de 100.000 mudas por hectare nos campos.

Monitorizámos o desenvolvimento e o rendimento do algodão (Quadro 5.2). Depois de Yagana, o número de plântulas em ambas as parcelas era o mesmo.

Quadro 5.2

Período de inspeção	Variante	O número de mudas por hectare é de mil	Altura do algodão, cm.		Elementos de colheita pcs (100 plântulas)				
			Entre	Média	Shona	Flor	O r de	cápsulas de madeira	Média de 1 arbusto de algodão
							Ab ert	Nã o ab	
12.07.96	Fundo da opção 1	105	46-52	49	981	29	- -	- -	10,0
	A opção 2 é a experiência	102	54-60	57	1051	39			10,9

18.07.96	1 opção	105	53-63	58	1082	168		31	12,8
	2 opções	102	63-72	68	1142	252	- -	53	14,5
28.07.96	1 opção	105	64-71	67	652	390		222	12,6
	2 opções	102	72-82	77	725	492	- -	276	14,9
12.08.96	1 opção	105	72-80	76	517	338	-	435	12,9
	2 opções	102	78-89	84	587	394	2	598	15,8
2.09.96	1 opção	105			52	28	166	764	10,1
	2 opções	102	- -	- -	72	86	212	920	12,9

O método atual (background) desenvolveu 105.000 algodões por hectare na primeira opção, e 102.000 algodões por hectare na segunda opção. Na versão experimental, o crescimento e desenvolvimento do algodão foi rápido (em 12.07.1996 - 12.08.1996), comparado com o algodão de fundo, era 8-10 cm mais alto e tinha mais duas cabeças laterais em média. E os elementos da colheita eram, em média, dois e três pedaços, e ele conservou-os bem. A doença da podridão radicular não ocorreu (pelo contrário, as raízes tornaram-se fortes e multifibrosas), a gomose e a doença da murchidão foram reduzidas em 80% na experiência (2%) em comparação com (10%). Na experiência, os quistos começaram a abrir a partir do dia 12 de agosto. A colheita foi feita há dez dias, e no dia 4 de setembro começou a colheita do algodão. Os algodões de fundo foram acabados com cinco peles e os algodões experimentais foram acabados com quatro peles. A produtividade aumentou em sete centavos por hectare (44 toneladas/ha) em comparação com a de fundo (37 toneladas/ha) (Quadro 5.3).

O desenvolvimento e a produtividade do algodão nas experiências realizadas na exploração colectiva Dekhkanob do distrito de Kosonsoy (na variedade Namangan-77, em média a partir de 100 plântulas, 1996) são apresentados no quadro 5.3.

Produtividade em experiências de explorações agrícolas colectivas, Dekhkonabad, distrito de Kosonsoy.

Quadro 5.3

Opç ão	Va rie da de	O dia em	O dia em	Produtividade ts/ha					Re ndi me	Re ndi me
1	Nam-77 sem casca	13.04.1996	7.09.1996	7,0	11,0	10,0	6,0	3,0	37,0	-
2	Concha Nam-77	13.04.1996	4.09.1996	10,0	15,0	13,0	6,0	-	44,0	7,0

Pela primeira vez, testámos a estrutura e os processos de trabalho dos dispositivos na oficina experimental de acordo com o objetivo e identificámos as suas deficiências (antes de utilizarmos um dispositivo especial pequeno). O pulverizador, que prepara uma solução aquosa (suspensão) de macro e microfertilizantes, funcionou bem. Fizemos um secador vertical para secagem. As sementes com casca húmida eram alimentadas por cima e, como caíam rapidamente através das placas com orifícios dispostos em fila, eram alimentadas com ar quente e a casca não secava suficientemente. Depois utilizámos um secador com um tambor horizontal deitado (o tambor tem quatro metros de comprimento). Uma vez que o tempo de formação da semente é de 2-3 minutos, o ar quente fornecido ao secador a uma temperatura de 270° C em paralelo com a semente reduz a humidade total da semente descascada de 19-21% para 15-16%. Neste caso, a temperatura da mistura ar-vapor que sai do secador foi de 75-80° C, e a temperatura da semente com casca foi de 40-50° C. A germinação da semente foi de 76-80%. Para não secar (matar) o núcleo da semente, baixámos a temperatura do ar quente para 150° C. Neste caso, a saída foi igual a 50° C. A humidade restante teve de ser seca ao ar livre. Mais tarde, estudámos o processo de secagem da casca. Neste caso, estudámos o processo de secagem em duas fases das sementes sem casca a estas temperaturas, de modo a que a temperatura da semente não ultrapasse os 50-65° C. Para a experiência, foram utilizadas as variedades de sementes de algodão Namangan-77, S -6524 e Fargona-3. As sementes não foram seleccionadas e eram peludas. O teor de humidade era de 7,8-8,5%.

Preparámos uma suspensão misturando amofos, nitrato de amónio e mistura de sais de sulfato de cobre (P_2O_5:N:Cu=4:1:0.05) em água. O tamanho das partículas de amofos é inferior a 500 microns e quando o teor de água na suspensão é de 32-33%, formou-se uma boa suspensão fluida quando misturada durante 0,5 horas (também preparámos a mistura de fertilizantes numa solução aquosa de NaKMTS a 1%).

A figura 5.1 mostra amostras de sementes peludas iniciais, sementes peludas preparadas para plantação de forma tradicional e sementes peludas revestidas com uma solução de fertilizantes minerais em água.

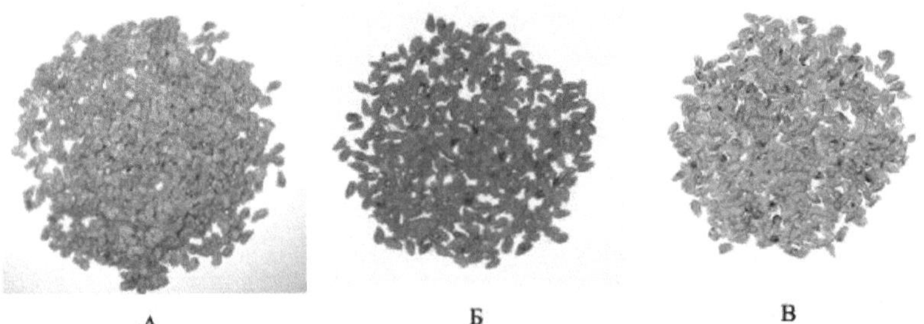

A) Sementes peludas; B) Sementes peludas preparadas para a plantação de forma tradicional; C) Sementes peludas revestidas com uma solução de fertilizantes minerais em água

Figura 5.1. Amostras de sementes peludas preparadas para plantação de diferentes formas

Misturámos as sementes com a suspensão (pesada) e secámo-las numa estufa. Na primeira fase, secámo-las a uma temperatura de 55-65° C durante 5-15 minutos e arejámo-las durante 5-15 minutos. Na fase seguinte, secámos novamente a 50° C durante 10-20 minutos, e depois medimos a humidade soprando-a durante 20 minutos. Verificámos a sua fertilidade no laboratório de sementes da 3ª fábrica de algodão em Namangan, de acordo com o método padrão estatal. Escolhemos condições de secagem em que a taxa de germinação é de cerca de 80-90%.

É natural que os resultados de rendimento sejam inferiores à norma, porque as sementes não são seleccionadas. Assim, na secagem de sementes com casca húmida, a temperatura situa-se entre 55-60° C, a primeira fase é de 8-10 minutos, e a segunda fase é realizada a uma temperatura de 50° C durante 10-15 minutos. A humidade total da semente descascada é da ordem de 9,1-9,8 e 0,9-1,3 da humidade natural da semente. Além disso, o núcleo da semente (endosperma) não cai (não morre), é armazenado durante muito tempo e a sua fertilidade satisfaz os requisitos.

Em condições industriais, a manutenção das sementes descascadas em movimento nos secadores, o arejamento da mistura ar-vapor quando é fornecido ar quente e o arrefecimento num aerocooler (último processo) podem acelerar várias vezes o processo de secagem e reduzir o tempo de secagem.

§ 5.2. Tecnologia e dispositivos para o revestimento de sementes com composições de macro e microfertilizantes

Anteriormente, utilizámos um misturador de betão para cobrir as sementes com macro e microfertilizantes. Neste caso, prepara-se uma pasta aquosa de adubos a 50% (amofos+amofos+nitrato de amónio, amofos+sulfato de cobre) (sulfato de cobre 0,3%) e juntam-se-lhe sementes sem pelo ou com pelo. Forma-se uma crosta húmida na superfície das sementes misturadas. Espalham-se as sementes numa superfície de asfalto ou numa película de polietileno e secam-se ao sol (1-2 horas) [78-81]. Depois disso, é permitido plantar.

Criámos um dispositivo para intensificar o processo de peeling.

Este dispositivo consiste num cilindro vertical com orifícios de entrada e saída de sementes (1) e (2), d=200 mm, e no interior existem sondas cónicas (3) e funis cónicos (4). No interior da unidade existem 2 bicos (5) especialmente concebidos para o efeito.

A semente cai na unidade através do orifício de entrada (1). O cone 1 começa a espalhar-se e a descer na zona [82,83,84,85,86,87,88,89].

1 - cilindro vertical; 2 - tambor de descasque; 3 - haste; 4 - motor-redutor;
5 - recipiente para solução de adubos minerais em água

Figure 2. . Vista geral do exemplar piloto do dispositivo de descasque

Utilizando o bico (5), a lama de fertilizante é pulverizada numa esfera horizontal. Esta camada da esfera é espalhada no caminho das sementes, e quando as sementes caem, forma-se uma camada "quente". Como resultado, as sementes são cobertas com papa e o cone cai na superfície do funil. O cone cai sobre a superfície do funil, que é alisada por um rolo. As sementes descascadas caem na segunda zona do cone e espalham-se. O fluxo esférico horizontal que sai do segundo bocal cai na superfície e o processo acima é invertido e assim por diante. As sementes descascadas são lançadas do orifício inferior e secas ao sol. O bocal é especialmente concebido e baseia-se no efeito do jato que sai do bocal e no fluxo em contracorrente do líquido focal.

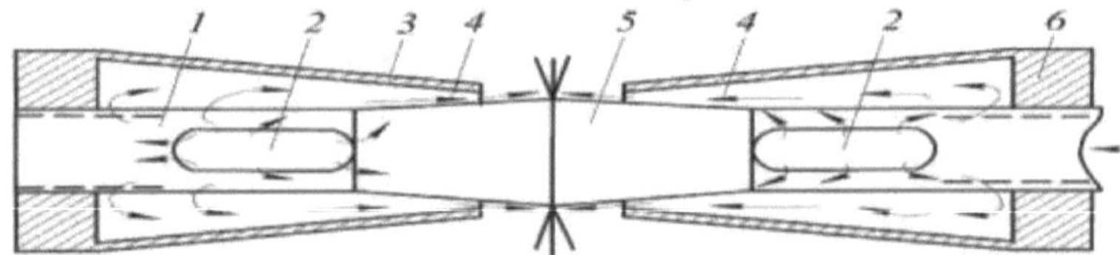

a) esquema do princípio do pulverizador; b) aspeto geral 1 tubo, 2 orifícios ovais; 3 e 6 tronco-cónico (encaixa na ranhura da caixa), o mecanismo que altera a forma e a espessura do fluxo; 4 espaço entre o corpo e o mecanismo; 5 mecanismo de direção do fluido em forma de tronco-cónico

Figure 3. . Esquema de princípio (a) e vista geral (b) de um pulverizador que pulveriza uma solução de adubos minerais com água

Em qualquer bocal que conheçamos, o líquido é necessariamente pulverizado através da pressão do ar. O bocal que descobrimos tem uma estrutura completamente única baseada na pressão e na direção oposta da pulverização do líquido.

O princípio do seu funcionamento é o seguinte: O líquido entra no bocal através do tubo (1). Através dos orifícios nele existentes (no início e no fim e em ambos os lados), o tubo (2) entra no espaço (4) entre os corpos cónicos (3) nele instalados através das ranhuras. A partir daí, o cone sai do espaço (6) controlado pelas curvas em forma de cone (5) do tubo (1) com o corpo (3). Como resultado, o fluxo oposto colide nas bases das saliências cónicas e formam um fluxo esférico (maçarico). A força e a superfície (tamanho) do fluxo são reguladas aproximando ou afastando os cones (3) uns dos outros nas ranhuras. Como o bico está instalado verticalmente no dispositivo de descasque (aparelho), forma-se nele um fluxo esférico horizontal. As sementes caem perpendicularmente a este fluxo e formam uma "camada quente".

Uma das tarefas que tínhamos pela frente era resolver o problema da secagem de sementes com casca húmida.

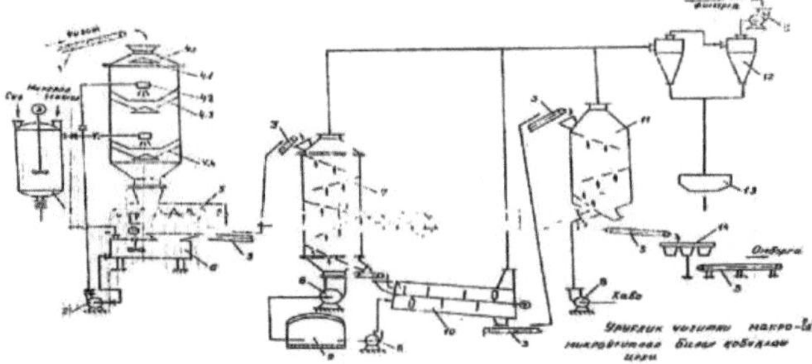

Figure 4. 5.4. Dispositivo de descasque e secagem de sementes com adubos minerais e composições de micronutrientes. (1996)

Foi criado um dispositivo tecnológico para cobrir as sementes com macro e micro fertilizantes. (Figura 5.4). O dispositivo está equipado com um recipiente (1) para preparar uma solução, um misturador. O aparelho de descasque (4) consiste em um dispositivo horizontal, dentro do qual há um bico (5), tampas de cone (7) e funis de

cone (8), um tanque de solução (2), uma bomba de circulação (3), um transportador (6), um parafuso de parafuso (9). equipado com. A mistura (2) flui para o recipiente. É fornecida aos bicos (5) por meio de uma bomba (3).
Os bicos são especialmente concebidos e a solução é dispersa numa superfície esférica. A semente é introduzida no dispositivo de descasque (4) através de um tapete rolante (6).
As sementes são espalhadas com a ajuda de tampas cónicas (7) e caem na camada de solução. As sementes sem casca são arredondadas e moídas num funil cónico (8). Este processo repete-se várias vezes. As sementes sem casca saem do aparelho e caem no sem-fim (9). O fundo do sem-fim é constituído por orifícios em espiral, através dos quais o excesso de solução escorre para o recipiente (2). E as sementes caem no saco. As sementes ensacadas são levadas para um depósito de 96
Na zona de secagem (película ou asfalto), as sementes são espalhadas uniformemente e secas ao sol. Uma vez que o bico está instalado verticalmente no dispositivo de descasque (aparelho), forma-se nele um fluxo esférico horizontal. As sementes caem perpendicularmente a este fluxo e formam uma "camada quente". Uma das tarefas que tínhamos pela frente era resolver o problema da secagem de sementes molhadas sem casca.
Em 1996, com base na decisão do governo regional de Namangan, inventámos um dispositivo de revestimento de sementes com macro e microfertilizantes na fábrica de algodão Kuqumboy, no distrito de Kosonsoy.
Todo o equipamento deste dispositivo é feito de aço. Tem um tanque misturador (1) montado num cavalete, que contém uma mistura de amofos $+NH_4NO_3$ $+CuSO_4*5H_2O$ em água (cerca de 300 kg de pó de amofos corresponde a 10-15 kg de NH_4NO_3+2,5-3,10 kg de $CuSO_4*5H_2O$ para 1 tonelada de sementes peludas) é preparado. A quantidade de macro e microfertilizantes na mistura é de 32-33%, e o resto é água da torneira ou água corrente diluída. Isto cria uma papa bem misturada.
Esta papa cai no pote (2). A este reservatório está ligada uma bomba de circulação (3) que conduz a papa para os bicos. As sementes são enviadas para o dispositivo de descasque (4) através do transportador (8). Neste dispositivo, as sementes revestidas com papa caem no sem-fim (5), e o excesso de papa cai no contentor (2) através dos orifícios sob o sem-fim. As sementes molhadas sem casca são transportadas para o secador (6) através do transportador (8). As sementes húmidas rolam para baixo a partir das superfícies da grelha.
Do lado inferior, a chama do combustível queimado na câmara de gás (usámos um fogão a gás) é misturada com ar e enviada através do ventilador (7), e o vapor de água é libertado para a atmosfera a partir de cima.
As sementes sem casca, que são secas neste fluxo de ar quente, caem no tapete rolante e são enviadas para a ensacadora.
Assim, verificou-se que o processo mais delicado consiste em revestir as sementes com composições de macro e microfertilizantes e secá-las.
Propusemos um sistema tecnológico mais perfeito para realizar estes processos em

condições óptimas.
Para além do equipamento acima mencionado, este sistema inclui um secador de tambor e um refrigerador.
O secador de tambor (10 na Fig. 5.4) é constituído por um tubo de aço (diâmetro 1200 mm, comprimento 10 metros) com palhetas (sacos) fixadas obliquamente a partir do interior (quando o tambor roda, está instalado no tambor, se o eixo roda, está instalado neste eixo), que empurra e conduz a semente para a saída. . O ar quente é fornecido ao tambor paralelamente à direção das sementes (também é possível fornecê-lo ao contrário).
O frigorífico (Fig. 4, 11) consiste num cilindro vertical (h=1,5 m, d=0,5 m), e no interior da casca seca existem superfícies perfuradas através das quais o ar fornecido pela ventoinha se move para cima. As sementes com temperatura quente na casca caem para trás das superfícies e arrefecem.
O processo tecnológico desenrola-se da seguinte forma: os fertilizantes minerais amofos (250-300 kg), nitrato de amónio (10-15 kg) são adicionados ao recipiente de mistura (4-1) e é vertido 1 m3 de água. O misturador com motor elétrico é ligado. Depois de misturar durante vinte e cinco a trinta minutos, formam-se as papas. As papas são enviadas para o recipiente intermédio (4-6). Uma bomba de circulação é ligada a este reservatório. Com a ajuda da bomba (4-2), o dispositivo de descasque das papas (4-4) vai para os bicos (4-2). As sementes são lançadas no descascador de sementes a partir de cima através de um transportador. As sementes são semeadas no guarda-chuva (4-1).
Com a ajuda de um bocal, as sementes caem sobre a superfície esférica da papa, forma-se uma "camada quente" e a superfície fica uniformemente coberta de papa. A partir daí, o cone cai no funil, depois para a tela seguinte, para a "tocha" do bocal, para o funil, para a tela e para o fundo do dispositivo. A semente descascada húmida e uma pequena quantidade de papa caem no sem-fim (4-5). Existem orifícios na parte inferior do sem-fim, e as gotas de papa em excesso caem no recipiente intermédio (4-6). Neste recipiente, um separador de lâminas, acionado por um motor co-elétrico, desce de um parafuso para uma correia transportadora e daí para um secador vertical. O teor de humidade total das sementes é de 18-20%, estas escorregam das superfícies perfuradas (placas) e secam com a ajuda de ar quente no sentido contrário. A temperatura das sementes à saída é de 55-60^0 C. A humidade é de cerca de 13-15%. Estas sementes descascadas são transportadas para o secador de tambor (410) por meio de um tapete rolante. Este está adaptado à temperatura do fluxo paralelo (50^0 C).
As sementes descascadas caem sobre as "asas" que rodam por meio de um eixo inclinado no tambor. Com a ajuda destas, a semente é impulsionada e desloca-se ao longo do secador. O teor de humidade passa de 13-15% para 8-9%, ou seja, seca próximo do teor de humidade natural da semente (7-8%). Estas sementes descascadas e quentes são introduzidas no arrefecedor (4-11) por meio do transportador (4-3). Neste, os grãos são arrefecidos pelo vento. Um fluxo de ar frio passa através da dimensão do dispositivo e através dos orifícios das placas num fluxo oposto à direção

da semente. O ar é fornecido por uma ventoinha (4-8). As sementes descascadas e arrefecidas são enviadas para a tampa (4-14) através do transportador (4-3). As sementes são embaladas em sacos, seladas e enviadas para o armazém.
O vapor, o ar e muito poucas poeiras (se existirem) provenientes dos secadores e dos arrefecedores são aspirados para os ciclones (4-12) pelos ventiladores (4-8) e descarregados. Se houver poeiras de fertilizantes, estas são apanhadas nos ciclones, caem no coletor (4-13) e são reutilizadas. Esta tecnologia é amiga do ambiente e não tem um impacto negativo no meio ambiente.
A quantidade de fertilizantes complexos na semente com casca é de cerca de 25-30% no pelo da semente e 22-27% na semente (em comparação com a quantidade total). Então, com 60-80 kg de sementes, 15-25 kg de amphos, 1-1,5 kg de nitrato de amónio e 150-250 gramas de sal de sulfato de cobre (CuSO4*5H2O) caem por hectare. O objetivo da adição de nitrato de amónio é aumentar a solubilidade do amofos quando a semente descascada entra no solo. Estes componentes dissolvem-se no solo e começam a ser absorvidos pela raiz que brota à volta da semente. Como resultado, o rebento germina rápida e eficazmente. Não fica doente. Os efeitos dos fertilizantes minerais amofos e do fertilizante (superamofos-K) no crescimento, desenvolvimento e produtividade do algodão foram estudados em condições de vegetação quando foram plantadas sementes revestidas com uma mistura de microfertilizante SuSO4 * 5H2O. Neste caso, observou-se que a produtividade do algodão foi maior nas sementes semeadas com fertilizantes complexos e composições de microfertilizantes (tabela 5.6).

Produtividade de sementes peludas em cobertura com macro e microfertilizantes (1994-1996)

Quadro 5.6

№	Opções de experiência	Repetição				Média	Adicional
		I	II	III	IV		
1	Sementes medicinais (fundo)	123	123,3	125,3	121,7	123,3	-
2	Revestido com amofos	126	121,7	126,3	121,7	123,9	0,6
3	Amofos+CuSO4*5H2O revestido	137	133,3	132,3	135,7	134,6	11,3
4	Revestido com Superammophos-K	124	124,3	126,7	126,0	125,3	02,9
5	Revestido com superammofos-K+CuSO4* 5H2O	133,3	135,2	132,0	134,5	133,8	10,5

Com base na análise dos resultados apresentados no quadro, pode concluir-se que a cobertura de sementes peludas com uma solução de fertilizantes minerais e composições de micronutrientes em água aumenta a sua dispersão, e quando se semeiam sementes peludas cobertas com uma solução de fertilizantes minerais e composições de micronutrientes em água, o consumo de sementes é 1.5-2,0 vezes diminui, o tratamento com drogas químicas contra várias doenças é interrompido, e o trabalho manual de 35-40 horas/homem/ha é eliminado, os rebentos germinam uniformemente e suavemente, o crescimento e o desenvolvimento são acelerados, e a colheita amadurece 7-10 dias antes. Como resultado, a produtividade aumenta numa média de 3-7 ts/ha, e a qualidade das fibras obtidas melhora. Além disso, uma vez que não são utilizados medicamentos químicos, as condições de trabalho dos trabalhadores e a situação ecológica no ambiente são melhoradas, e a natureza é preservada.

CONCLUSÕES

1. Durante o processamento de fosfatos com ácido nítrico, formam-se fosfatos de cálcio, nitrato de amónio, nitrato de cálcio e outros produtos. A vantagem dos fertilizantes líquidos sobre os fertilizantes sólidos é que eles se difundem bem nos microporos do solo e o nível de absorção pela planta aumenta de 1,5 a 2,0 vezes. Os fertilizantes líquidos têm várias vantagens sobre os fertilizantes sólidos, pois não são granulados e secos durante a produção e, quando aplicados na área cultivada, os fertilizantes líquidos são uniformes e bem distribuídos. A secagem, trituração, refrigeração e embalagem de fertilizantes sólidos são processos muito complexos, enquanto os processos tecnológicos na produção de fertilizantes líquidos são um pouco mais curtos.
2. Em conclusão, pode dizer-se que os novos métodos de tratamento de sementes antes da sementeira ajudam a concretizar os nobres objectivos de preservar a saúde humana e proteger a natureza dos danos causados por produtos químicos tóxicos, bem como a eficiência económica.
3. As matérias-primas fosforíticas passam por processos em várias fases antes do processo de produção de adubos fosforados. Além disso, essas matérias-primas têm reservas limitadas, tal como outras matérias-primas. Por conseguinte, é importante estabelecer a produção de adubos concentrados de fósforo com indicadores técnicos e económicos elevados através da transformação do EFK semi-acabado obtido a partir de fosforitos de formas não convencionais.
4. A análise de trabalhos científicos e de investigação sobre o tratamento de sementes com fertilizantes minerais mostrou que estes aumentam a resistência das plântulas de algodão às doenças e são também utilizados como fungicidas. Ao mesmo tempo, aumentam a fertilidade das sementes em condições de campo e asseguram a maturação precoce da cultura, aumentando a produtividade de um hectare de terra.
5. Germinação, desenvolvimento e produtividade de sementes quando as sementes são plantadas em água com um meio indicador de hidrogénio de pH =9-10 durante 2-3 horas, o método atual, ou seja, antes da plantação, são tratadas com produtos químicos tóxicos contra doenças de plantas (fenthiuram, bronotak, etc.) Verificou-se que as sementes descongeladas durante 18-24 horas têm maior crescimento, desenvolvimento e rendimento. O tratamento das sementes com água electroquimicamente activada aumenta o rendimento do algodão até 3-5 ts/ha.
6. A experiência a longo prazo mostra que a utilização destes fertilizantes complexos na produção de algodão tem demonstrado aumentar a produtividade e diminuir a doença da murchidão e da gamose. Para além de participar como catalisador em processos enzimáticos, o cobre também actua como fungicida.
7. A cobertura de sementes peludas com uma solução de fertilizantes minerais e composições de micronutrientes em água aumenta a sua capacidade de propagação e, ao semear sementes peludas cobertas com uma solução de fertilizantes minerais e composições de micronutrientes em água, o consumo de sementes é reduzido em 1,5-2,0 vezes, e os medicamentos químicos contra várias doenças processamento com 35-

40 horas/homem/ha o trabalho manual gasto na unificação é eliminado, os rebentos germinam de forma uniforme e suave, e o crescimento e desenvolvimento são acelerados, e a cultura amadurece 7-10 dias mais cedo. Como resultado, a produtividade aumenta numa média de 3,6 t/ha em troca da primeira colheita mais valiosa, e os indicadores de qualidade das fibras obtidas são melhorados.

LISTA DE REFERÊNCIAS

1. Арисланов А. С. Разработка технологии получения кальцийсодержащих азотно-фосфорных удобрений с водорастворимой формой сульфатов из фосфоритов Каратау и Центральных Кызылкумов: Дисс. ... канд. техн. наук. - Наманган- 2022. - 127с.
2. Сулаймонов И.Ж., Батошов А.Р., М.Х.Эгамбердиев М.Х., Одилов И.К. Тупрокшунослик ва агрокимё. Узкитобсавдо нашрёти. Тошкент-2021,440 бет.
3. Узбекистан Республикаси Президентининг 2017 йил 7 февралдаги ПФ- 4947-сонли "Узбекистан Республикасини янада ривожлантириш буйича Хдракатлар стратегияси туҒрисида "ги Фармони.
4. Кочетков В.Н. Фосфорсодержашие удобрения. Справочник.-М.Химия,1982.-400
5. Кочетков В.Н.Производства жидких комплексных удобрений .М.Химия 1984
6. Хасанов Б.А ва б. Ғузани зараркунанда,касаллликдлар ва бегона утлардан х,имоя килиш.Тошкент. Университет.2002 й.384 б
7. Горленко М.Б.Бактериальные болезни растений. М.: Высшая школа. 1996г.
8. Ғафуров ^. Шамшидинов И.Т. Минерал угит ишлаб чикариш назарияси ва технологик хисоблари.Олий укув юртлари учун дарслик.Т.: "Фан ва технология". 2010,-Б.360.
9. Авт свид№362796,1973, Откр.изобр., пром., обр, тов.знаки 1973с45.Авт А.З Шур и др
10. Авт свид№16758,1968, Откр.изобр., пром., обр, тов.знаки 1973с41.Авт Е.Е.Зуссер и др
11. Авт свид№3890656,1973, Откр.изобр., пром., обр, тов.знаки 1973с87.Авт В.М.Борисов и др
12. Fogle B.R.J.AppI.hem.1960/3P.139
13. Отахонов Н.О,Мирзабоев М.А,Шарипов Ш.Ж,Каримбоев Ғу3а касалликларига ва зараркунандаларга карши курашишга оид кулланма. Наманган, 1993,72бет.
14. Кузнецов Г.К. Рефераты докладов на конференции по микро элементам, М., АНСССР.с.12-13.
15. Буркин И.А, Цхевребашвили Г.Г. Влияние смачивания семян концентрированными растворами солей молибдена на физиологические процессы и урожая растений. "Микроэлементы в сельском хозястве",Наука, Ташкент,1965,с.354-361.
16. С.Н.Вироградский. Nitrobacter, Nitrospina ва Nitrococcus.1952г
17. А.Н.Заварзия Nitrobacter, Nitrospina ва Nitrococcus 1972
18. Т.В.Таранс Bact.denitrificans, Bact.stutzeri, Bact. fluorescens, Bact pyocyaneum. 1973г
19. Т.П.Пирахунова. Значение кооординационных соединений микроэлементов в питании хлопчатника. (1983)
20. Бротравливание семян сельскохозяйственных культур пленка образующими

составами и препаратами (Методигические указание), М.Аропромиздат, 1988, с.44.
21. Fофуров К. ,Журабаев М., Шамшиддинов И.Т. Fузанинг усиши ва ривожланишини ростловчи Уз респ. дастлабки патент N2464. 28.03.95. приоритет 15.07.93. Ахборот N30.06.95.
22. Гафуров К., Шамшиддинов И.Т., Арисланов А.С., Ботиров Ш. Капсулирование семян. Журнал "Хлопок".№. Москва-1992.
23. Гафуров К., Батыров Ш., Устройство для распыления жидкости Авт.свид.СССР 11.09.1992г. приоритет от 5.03.1990г. Бюлл. изобр. N19 23.05.93г.
24. Гафуров К., Шамшиддинов И.Т, Арисланов А.С, Ботиров. Уз.Респ. Дастлабки патент N2465,28.03.95. приоритет 15.07.93.Ахборот N2.30.95.
25. Хармац Д.Е., Гершман Я.Х. Виброударное сортирование оголенных семян хлопчатника//Хлопковая промышленность-Ташкент,1980-№5-С19-21.
26. Алибеков А. Сортирование посевных семян в жидкостях // Хлопководство. - Москва, 1968. - № 3. - С. 43-44.
27. П.А. Власюк, М.С. Кошлак. Предпосевное обогощение семян сельскохозяйственных культур микроэлементами ростак тивирующими веществами, микроэлементами в сельском хозяйстве", Наука, Ташкент,1965,с.293-302.
28. Подтыкин Я.П. и др.. Смесь для дроживания семян сахарной. свелки. Авт.свид.СССР N378157 от 09.11.71г.Бюлл. изобр N19 18.04.73г.
29. Ибрагимов И.И и др. Способ дражирования семян хлопчатника Авт.свид.СССР N1015837 от 16.12.81г. Бюлл. изобр/Н17. 05.83г
30. Шайимов П. Сортирование опушенных семян хлопчатника в барабанномдиэлектрическомсепараторе :Автореф.дисс. канд.техн.наук.-Ташкент, 1995-17 с.
31. Абдуллаев М.Т. Янги, мураккаб угитаар, уларнинг микроэлементли композицияларининг ту про к унумдорлиги ва 1'уза хосилдорлига таъсири: Кишаок хужалиги фанлари номзоди дисс. - Тошкент, 2003. - 152 б.
32. Кузнецов В.П. Рефераты докладов на конференции по микроэлементам АН СССР. - Москва, 1969 - С.12-13.
33. Буркин И.А., Цхеврсбашвили Г.Г. Влияние смачивания сеямн концентрированными растворами солей молибдена на физиологические процессы и урожай растений // Микроэлементы в сельском хозяйстве. - Тошкент: Наука, 1965. - С. 354-361.
34. А.С. № 993846. Способ предпосевной обработки семян/ М.К.Прокофьев, Ю.Г.Поспелова, Э.Д.Чолсанкулов // Бюл. - 1983. - № 5. - С. 4.
35. Урунов И.С. Управление пропаганды и внедрения достижений науки, техники и передового опыта. - Ташкент, 1979. - 101 с.
36. Худойбердиев А.Р. Эффективность действия новых биостимуляторов на рост, развитие и продуктивность хлопчатника в условиях Гиссарской долины

Таджикистана: Дис. ... канд. техн. наук. - Москва, 1989. - 159 с.
37. Патент № 2465. Способ дражирования семян хлопчатника / К^афуров и др. // Б.И. - № 2. - 1995. - С. 5-6.
38. Отчет по проекту П-19.3 за 2003-2005 гг. "Усовершенствование технологии и комплекса технических средств для подготовки опушенных семян хлопчатника с защитно-питательной оболочкой в раннние сроки сева с малой нормой". - Гульбахор, 2005. - 149 с.
39. Хаджиев А.Х., Росабоев А.Т., Хожиев А., Йулдошев О.К. Результаты исследований по усовершенствованию линии дражирования опушенных семян хлопчатника // Кишлок хужалигини механизациялашга доир истикболли технологик жараёнлар буйича илмий-тадкикотларнинг натижалари. -Гулбахор, 2006. -Б. 45-52.
40. Винник М. М., Ербанова Л.Н. и др. Методы анализа фосфатного сырья, фосфорных и комплексных удобрений, кормовых фосфатов. - М.:, 1975. - 218 с.
41. ГОСТ20851 .2-75 .Удобрения минеральные : Методы определения фосфора. - М.: Изд-во стандартов, 1983. - С. 21-42.
42. ГОСТ20851 .2-75 .Удобрения минеральные . Методы определения фосфатов. - М.: ИПК Изд-во стандартов, 1997. - 37 с.
43. ГОСТ30181 .4-94 "Удобрения минеральные . Метод определения массовой доли азота, содержащегося в сложных удобрениях и селитрах в аммонийной и нитратной формах (метод Деварда)". - М.: Изд-во стандартов, 1994. - 15 с.
44. ГОСТ 24596.4-81. Фосфаты кормовые. Методы определения кальция. - М.: ИПК Изд-во стандартов. 2004. - 3 с.
45. ГОСТ 24024.12-81. Фосфор и неорганические соединения фосфора. Методы определения сульфатов. - М.: Изд-во стандартов, 1981. - 4 с.
46. ГОСТ 22275-90. Концентрат апатитовый. Технические условия. - М.: Изд-во стандартов, 1991. - 18 с.
47. ГОСТ 24596.7-81. Фосфаты кормовые. Методы определения фтора.- М.: ИПК Изд-во стандартов, 2004. - 5 с.
48. Крашенинников С. А. и др. Технический анализ и контроль в производстве неорганических веществ. - М.: Высшая школа, 1986. - 280 с.
49. ГОСТ 20851.4-75 Удобрения минеральные. Методы определения воды.- М.: ИПК Изд-во стандартов, 2000. - 5 с.
50. ГОСТ 18995.1-73. Продукты химические жидкие. Методы определения плотности. - М.: ИПК Изд-во стандартов, 2004. - 4 с.
51. ГОСТ 10028-81. Вискозиметры капиллярные стеклянные. - М.: ИПК Изд-во стандартов, 2005. - 13 с.
52. ГОСТ 24596.5-81. Фосфаты кормовые. Метод определения pH раствора или суспензии. - М.: ИПК Изд-во стандартов, 2004. - 2 с.
53. Manual de espetrometria de raios X. / Eds. Van Grieken R.E., Markowicz A.A.- Nova Iorque: Marcel Dekker Inc. 1993. - 984 p.

54. Zschornack G. Handbook of X-ray data - Berlim, Heidelberg: SpringerVerlag. 2007. - 969 p.
55. Downs R.T., Hall-Wallace M. The American Mineralogist crystal structure database // American Mineralogist. - 2003. - Vol. 88. - P. 247-250.
56. Belkly A., Helderman M., Karen V.L., Ulkch P. New developments in the Inorganic Crystal Structure Database (ICSD): Acessibilidade em apoio à investigação e conceção de materiais//Ata Crystallographica. Secção B: Ciência estrutural. - 2002. - Vol. 58. - № 3. Pt. 1. - P. 364-369.
57. Putz H. Match! Identificação de fases a partir da difração de pós. Manual do utilizador - Bona: Crystal Impact. 2009. - 76 p.
58. A.C. № 233323. Дражиратор семян /Е.Б.Бейсинбиев // Б.И. - 1969. - № 2. - С. 116.
59. A.C. № 93245. Аппарат для покрытия семян сельскохозяйственных культур/М.А.Кондак, П.И.Назаров, Д.С.Шевцов и др. // Б.И. -1952.-№1.-С. 18.
60. Седых В.А. Исследование вибрационного способа дражирования семян сахарной свеклы и обоснование основных параметров рабочих органов дражировочной машины: Автореф. дисс...канд.техн.наук. -Харьков, 1975. -149 с.
61. Mamadaliev, A. (2014). ТУКЛИ ЧИГИТЛАРНИ МИНЕРАЛ УЕИТЛАР БИЛАН КОБИКЛОВЧИ КУРИЛМАНИНГ КОНУССИМОН ЁЙГИЧИ ПАРАМЕТРЛАРИНИ АСОСЛАШ. *Coleção de artigos académicos da Scienceweb.*
62. Mamadaliev, A. (2002). УРУЕЛИК ЧИГИТЛАРНИ МАКРО В А МИКРОУЕИТЛАР КОМПОЗИЦИЯЛАРИ БИЛАН КОБИКЛАШ ТЕХНОЛОГИЯСИ ВА КУРИЛМАЛАРИ. *Coleção de artigos académicos Scienceweb.*
63. Tukhtamirzaevich, M. A. (2023). PLANTAR SEMENTES COM FERTILIZANTES DE NITROGÉNIO E FÓSFORO. *PRINCIPAIS QUESTÕES DE PESQUISA CIENTÍFICA E EDUCAÇÃO MODERNA*, *2* (1).
64. Mamadaliev, A. (2019). FUNDAMENTAÇÃO TEÓRICA DOS PARÂMETROS DOS TAMBORES DE REVESTIMENTO EM FORMA DE TAÇA. *Coleção de artigos académicos Scienceweb*
65. Tukhtamirzaevich, M. A. (2022, dezembro). RESULTADOS DE TESTES LABORATORIAIS DE CAMPO DE SEMENTES PELUDAS ('()ATPI) COM FERTILIZANTES MINERAIS. In *Proceedings of International Educators Conference* (Vol. 1, No. 3, pp. 528-536).
66. Tuxtamirzaevich, M. A. ESTUDO TEÓRICO DO MOVIMENTO DE MACRO E MICRO FERTILIZANTES EM SOLUÇÃO AQUOSA APÓS A SEMENTE CAIR DO ESPALHADOR. *REVISTA CIENTÍFICA E TÉCNICA DO INSTITUTO DE ENGENHARIA E TECNOLOGIA DE NAMANGAN.*
67. Tukhtamirzaevich, M. A. (2023). Estudo teórico das composições de macro e micro fertilizantes na solução aquosa de sementes móveis após a queda do espalhador. *Web of Synergy: Revista Internacional de Investigação Interdisciplinar*, *2*(6), 357
68. Mamadaliev, A. (2021). Estudo teórico do movimento de macro e micro

fertilizantes em solução aquosa após a semente cair do espalhador. *Coleção de artigos académicos Scienceweb.*
69. Мамадалиев, А. Т., & Бакиева, Х. Суюк; уFUТ-аммиакатлар олиш ва уларни ишлатиш усуллари Мамаджанов Зокиржон Нематжонович. *Doutoramento, ОоЩ'ШП.*
70. Mamadjanov, Z., Mamadaliev, A., Bakieva, X., & Sayfiddinov, O. (2022). СУК'Ж УГИТАММИАКАТЛАР ОЛИШ ВА УЛАРНИ ИШЛАТИШ УСУЛЛАРИ. *Ciência e inovação*, *1* (A7), 309-315.
71. Гафуров К., Абдуллаев М., Мамадалиев А., Мамаджанов З., Арисланов А. Уруыик чигитларни макро ва микроуи-плар билан кобиклаш. Монография. 2022. Dodo Bools Indian Ocean Ltd. e Omniscrbtum S.R.L Publishing grour.
72. Мамадалиев А. Т., Мамаджонов З. Н., Арисланов А. С. Кишаок хужалигида уруглик чигитларни азот фосфорли уFитлар билан кобиклаш.
73. Хаджиев А.Х., Росабоев А.Т., Йулдошев О.К. Тукли чигитларни кобиклаш технологияси ва техник воситалар мажмуасини такомиллаштириш// "Пахтачилик ва дончиликни ривожлантириш муаммолари" халкаро илмий-амалий конференция маърузалари асосидаги маколалар туплами. -Тошкент, 2004. -Б, 301-304
74. Fафуров К., Мамадалиев А.Т., Абдуллаев М. Изучение эффективности капсулирования хлопчатника с композициями макро и микроудобрениями // ФарПИ илмий-техника журнали. - ФарFОна, 2006. - № 2. - Б. 87-89.
75. Fафуров К., Росабоев А.Т., Мамадалиев А.Т. Дражирование опушенных семян хлопчатника минеральными удобрением // ФарПИ илмий-техника журнали. - ФарFОна, 2007. - № 2. - Б. 55-59.
76. Мамадалиев А.Т. Тукли чигитларни минерал уFитлар билан кобикловчи курилманинг улчамлари ва иш режимларини асослаш // "Фан ва ишлаб чикариш интеграцияси муаммолари" Республика илмий-амалий конференция материаллари туплами. - Наманган, 2008. - Б. 228.
77. Патент РУз IAP № 03493. Способ покрытия поверхности семян сельскохозяйственных культур и устройство для его осуществления // К.Гафуров, А.Хаджиев, А.Т.Росабоев, А.Т.Мамадалиев // Б.И. - 2007. - № 11. - С. 6-7.
78. Тухтакузиев А., Росабоев А.Т., Мамадалиев А.Т. Тукли чигитларни минерал угатларбилан кобикловчи курилманинг конуссимон ёйгичи параметрларини асослаш // ФарПИ илмий-техника журнали. - ФарFОна, 2014. - № 109 2. - Б. 46-49.
79. Росабоев А.Т., Мамадалиев А.Т., Тухтамирзаев А.А. Теоретическое обоснование параметров капсулирующего барабана опушенных семян // Материалы Международных научно-практических конференций Общество Науки и творчества // Международный научный журнал. - Казань, 2017. - Выпуск № 5. - С. 246-249.
80. Rosaboev A., Mamadaliev A. Fundamentação teórica dos parâmetros dos

tambores de revestimento em forma de taça // IJARSET ISSN: 2350-0328. Revista internacional de pesquisa avançada em ciência, engenharia e tecnologia. - Indiya, 2019. - Volume 6. - Issue 5. - PP. 11779-11783

81. Росабоев А.Т., Мамадалиев А.Т., Тухтамирзаев А.А. Теоретическое обоснование движения опушенных семян хлопчатника после поступления из распределителя в процессе капсулирования // Материалы Международных научнопрактических конференций Общество Науки и Творчества // Международный научный журнал. - Казань, 2017. - Выпуск № 5. - С. 239-245.

82. А Росабоев, А Мамадалиев. Предпосевная обработка опушенных семян хлопчатника защитно- питательной оболочкой, состоящей из композиции макро- и микро удобрений. Теоритические и практические вопросы развития научной мысли в современной мире: Сборник статей. УФА РИЦ БашГУ.2013 г. 174-176с

83. Adxamjon Tuxtamirzaevich Mamadaliyev, filho Bakhtiyor Maqsud, Umarov Isroil. Estudo do movimento de sementes pubescentes no fluxo de uma solução aquosa de fertilizantes minerais. Uma revista internacional de acesso aberto revisada por pares. 2021. Volume 10, Edição 06, Páginas: 247-252.

84. Adxamjon Tuxtamirzaevich Mamadaliyev. Estudo teórico do movimento de macro e micro fertilizantes em solução aquosa depois de a semente cair do espalhador. Revista científica e técnica da NamIET. VOL 6 Edição (1) 2021. Páginas:26-30.

85. Mamadaliev Adxamjon Tuxtamirzaevich - Tratamento de pré-semeadura de sementes de algodão pubescentes com uma casca protetora e nutritiva, consistindo de fertilizantes minerais em uma solução aquosa e uma composição de microelementos. Design Engineering, Vol 2021: Issue 09. 7046 - 7052

86. М.Т.Абдулллаев,А.Т.Мамадалиев. Изучение эффективности дражирова- ния семян хлопчатника в водном растворе минеральных удобрений и композиции микроэлементов. "Экономика и социум" 2022 №1(92) С-3-8.

87. Мамадалиев Адхамжон Тухтамирзаевич. УруҒлик чигитларни макро ва микроуғитлар билан кобикловчи курилманинг улчамлари ва иш режимларини асослаш. Мировая наука 2022. Международные коммуникации. Международная научно-практическая конференция. 12 января 2022. Новосибирск

88. Mamadaliyev Adxamjon Tuxtamirzayevich. Estudo de Sementes Pubescentes que se Movem numa Corrente de Água e Fertilizantes Minerais. *Revista Internacional de Educação Integrada* 2020. *3*(12), 489-493.

89. Мамадалиев, Адхамжон Тухтамирзаевич. Теоретическое обоснование параметров чашеобразного дражирующего барабана. Universum:// Технические науки:электрон научн. журн. 2021. №6(87),-С.75-78.URL

90.

Printed by Books on Demand GmbH, Norderstedt / Germany